関東大震災

大東京圏の揺れを知る

「不意の地震に不断の用意」と刻まれた東京有楽町にある関東大震災の記念塔

地震や火山がつくる
すばらしい日本の大地
想い起こそう
そこに暮らしがあることを

関東大震災

大東京圏の揺れを知る

武村雅之

鹿島出版会

まえがき

平成五(一九九三)年、今からもう一〇年前になる。ふとしたことから岐阜測候所で観測された関東地震の地震記録に出会ったのが、私と関東地震とのつき合いの始まりである。私はもともと地震学が専門で、現在でも耐震設計に関わる仕事の傍《かたわ》ら、地震に関する研究を続けている。学生時代に震源に関する研究をしていた経験から、誰もまだこの記録を解析していないなら、暇を見つけて調べてみようかと軽い気持ちで考えていた。ところが暇が見つからないうちに、平成七(一九九五)年に阪神淡路大震災が起こった。私が、関東地震への思いを強くしたのは、大震災後二月二日の読売新聞の朝刊に出た記事を読んでからである。「地震取り巻く学問の貧困」と題したこの記事は地震の専門家を痛烈に批判するものであった。

「これほど大きな地震は想定していなかった――阪神大震災の被害の様子が明らかになるにしたがって、地震、建築、土木の学者らはこう言って驚いて見せた。しかしこれには割り切れないものが残る。……第一は、関東大震災クラスの地震でも持ちこたえるように耐震設計をしているという根拠だ。……根拠となった数字を突きつめていくと、関東大震災の最大加速度の数字はあてにならない、ということで専門家の意見は一致している。……今さらそんなことを言われても困る。耐震基準の出発点になった関東大震災の揺れを再検証するようなら、基準の信頼性が根底から崩れてしまう。」(馬場錬成論説

委員）

この記事に対し、専門家として色々と言い分もあるし、現状の耐震設計基準がそれほど悪いとも思わない。しかし、関東地震による揺れについてよくわかっていないではないかという指摘については残念ながら認めざるを得ない。この記事を読んだ後、地震学や地震工学の諸先輩の先生方に、関東地震についての質問をぶつけてみたが結論は同じであった。

日本の歴史上、最大の被害を出し、しかも近代地震学発祥以後、今から高々八〇年前の地震である関東地震に関して、もっと真剣に研究すべきではないかとの思いが募った。色々調べてみると、今まで地震学者の間でまことしやかに語られていたことが、意外に間違っていることにも気がついた。例えば、日本における関東地震の地震記録は、ほとんどすべて振り切れていて解析に堪えるものはないと言われていたが、気象庁や各地の気象台の資料を調べてみると、少なくとも全国六ないし五カ所の測候所で、振り切れずに完全に地面の揺れを捉えている記録があること、振り切れているものでも使いようによっては有益な情報を与えてくれることもわかった。

地震学者の中には、関東地震と言えば、フィリピン海プレートが相模トラフから潜り込むために起こるマグニチュード八クラスのプレート境界地震であると説明し、それで満足している人もいるかもしれない。しかしながら、そんな事実もわからなかった時代に観測された地震記録の由来などを調べているうちに、私は、プレート境界地震という説明だけでは、地震学的にも関東地震を理解したことにならないのではないかと強く感じるようになった。

史上最大の被害をもたらした地震なのに、それでは関東地震の個性を感じることもなく、起こったことに対してすら実感が湧かないのではないか……。そんな時に出会ったのが、多くの人が残した体験談である。プレートの境界で断層が動いたことによる揺れやその後に引き続く余震の揺れを、その時、そこに生きていた人たちはどのように体感し、どのように捉えたか。体験談は多くのことを私に教えてくれた。そのお陰で、私自身、関東地震を多少実感できるようになった。関東地震は、なるほど海洋プレートの潜り込みに伴うプレート境界地震である。しかしそれ以前に、われわれ関東地方に住むものにとっては郷土の地震であり、自分たちの住む街の歴史に少なからず影響を及ぼした地震である。

こんな関東地震の性格をより深く知るために被害に関する資料を整理し始めた。整理が進むとともに、混乱の極みのように言われてきた資料が、混乱どころか、データの質や量、広大な被害地域の全域をカバーする点など、われわれの努力次第で、わが国史上最も充実した地震被害データたりうることもわかってきた。

科学は一般に複雑な現象の中に原理や法則を見いだそうとする。このため地震現象のように複雑でしかもよくわからないものに対しては、多くのことを切り捨てて、わかったことだけで現象を記述しようとすることがよくある。科学的な説明を聞いて実感が湧かないのはたぶんそのためであるが、そこにとどまっている限り、地震防災のように日常生活に肉迫しなければならないことに科学はあまり役立たない。実感がもてない説明で、一般の人に地震防災に向けての行動を督促するのは無理難題と言えるかもしれない。そんな思いの中で、本書を書いてみた。自分たちのまわりで起こる地震に実感がもてる。科学的な説明を実感がもてるようなものにしたい。地震に関して多くの人が興味をもち、正確な知識をもてるようになるにはそれが一番である。目標は大きいが現実はなかなかそううまくは行かない。読者の皆さんが本書を通じて、関東地震の個性を少しでも感じ、そのことが日本に住む限り永遠に続く地震とのつき合いへの一助となれば望外の喜びである。

本書ができるまでには、多くの方のお世話になった。この一〇年間、関東地震の調査をする私を暖かく見守っていただいた小堀鐸二京都大学名誉教授（現・鹿島建設最高技術顧問）にまずお礼を申し述べたい。本書の地震災害に関する記述は小堀研究室の諸井孝文次長との共同研究に負うところが多い。さらに小堀研究室、鹿島技術研究所の関係各位には調査研究の過程で色々お世話になった。また、鹿島出版会出版事業部の橋口聖一氏には出版に至る過程で様々なアドバイスをいただいた。皆様に、この場を借りて感謝の意を表します。

平成一五年四月　　武村雅之

関東大震災　目次

第一章　関東地震による被害の特徴

ワースト一の始まりは一一時五八分三二秒

運命の日

大正一二（一九二三）年九月一日、関東地方は、前夜来の風雨もしだいに収まり、朝には所々でにわか雨が残る程度になっていた。午前中には、夏の日ざしが雲間からさし始めたところもあった。立春から数えて二一〇日、今でも台風の厄日とされているが、この日もちょうど台風が日本海から北海道方面に抜けていったのである。また、九月一日は、八朔《はっさく》（陰暦八月一日）にあたり、その年の新穀を納める節句で、各地の神社で祭礼が催され、農家では各家でお赤飯などごちそうを用意して、節句を祝うならわしがあった。子供たちはお祭りやごちそうを楽しみに、始業式もそこそこに家路を急ぎ、先生たちも二学期の準備はあるものの、ちょうどその日は土曜日で、子供が帰った学校でも、どこかくつろいだ雰囲気があったに違いない。そんな日の午《ひる》ちょっと前、皆が昼餉《ひるげ》の膳に着こうとしていた時、一一時五八分三二秒、その時が来た。神奈川県西部から相模湾さらには千葉県の房総半島の先端部にかけての地下で、断層が動き始めたのである。関東大震災の始まりである。

今村明恒

ちょうどその時、東京・本郷にあった東京帝国大学の地震学教室では、今村明恒が自席に着いたまま、体中の神経を集中させて、地震による揺れの経過状況を詳細に吟味していた。東京・本郷で揺れ始めたのは一一時五八分四四秒のことである。今村は当時、地震学教室の助教授であった。教授の大森房吉は、オーストラリアのメルボルンで開催されていた汎太平洋学術会議出席のために留守《るす》であり、今村がその間の代理として教室を預かっていた。二人は、東京で地震が起これば、それほど揺れが強くなくとも水道管は破壊し消防の役に立たず、大火災によって大きな被害をこうむると、長年当局に警告し、その対策を迫ってきた。その対策が立てられないままこの日を迎えてしまったのである。

今村はさらに、東京は、慶安二（一六四九）年、元禄一六（一七〇三）年、安政二（一八五五）年の三回激震に遭遇しており、安政二年以後すでに五〇年を経過している。また、活発な活動を続ける外側地震帯の中で、相模沖には歴史上大地震の発生記録がないなどの理由もあげ、東京に次の激震が襲う時までにそれほどの猶予はないと警告していた。これに対し、大森は世情を必要以上に動揺させることをおそれ、その説を浮説として退けた。このため両者の対立は決定的なものになっていたと言われている。今日の地震学の知識から見れば、当時の今村の説がそれほど説得力のあるものとも言い難いが、結果的には今村の説が的中し、教授の力によってそれを退けようとした大森は、後世談では敵役になってしまったのである。意見の分かれた大地震発生の予測はともかく、東京における火災の危険性に関する二人の警告は不幸にして的中し、東京と横浜は大火災に見舞われた。

大火災

大火災の原因を考えるとき、よく言われるように地震発生がちょうど昼食時で火を使う時刻であったことのほかに、忘れてならないのが地震発生当日の気象状況である。**図1**は当日午前六時の天気図の写しで、能登半島の近くに台風があることがわかる。関東地方は九州から進んできた台風の進路からはずれ、直接の影響は免れたとはいえ、地震発生時刻には、まだかなり強い風が吹いていた。**図2**は、東京における火災の広がり方を時間を追って示したものである。地図の右上から左下に向かって隅田川の流れがある。隅田川の右（東）側は当時の区名で、本所区、深川区、左（西）側は、北から浅草区、下谷区、神田区、日本橋区、京橋区、芝区である。地図の黒く見えるところは、その時間すでに延焼地域に含まれていたところである。地震発生後一時間の午後一時では、延焼地域はまだそれほど広くなく、隅田川の両側に点々と見られる程度である。それが午後四時、午後九時、翌九月二日の午前三時と次第に広がり、その時点で東京の下町低地の大部分が延焼地域に飲み込まれてしまった。九月二日の午前三時以降は、延焼地域はそれほど広がらないが、延焼地域の中で火災が完全に鎮火するのは、さらに翌日、九月三日の午前一〇時頃だったと言われている。その間東京市一五区だけでも、地震と火災によって約七万人の尊い人命が失われ、中でも、本所区の被服廠跡（現在の墨田区横網町の震災復興記念館敷地）では四万四〇〇〇人の人々が、大火災によって引

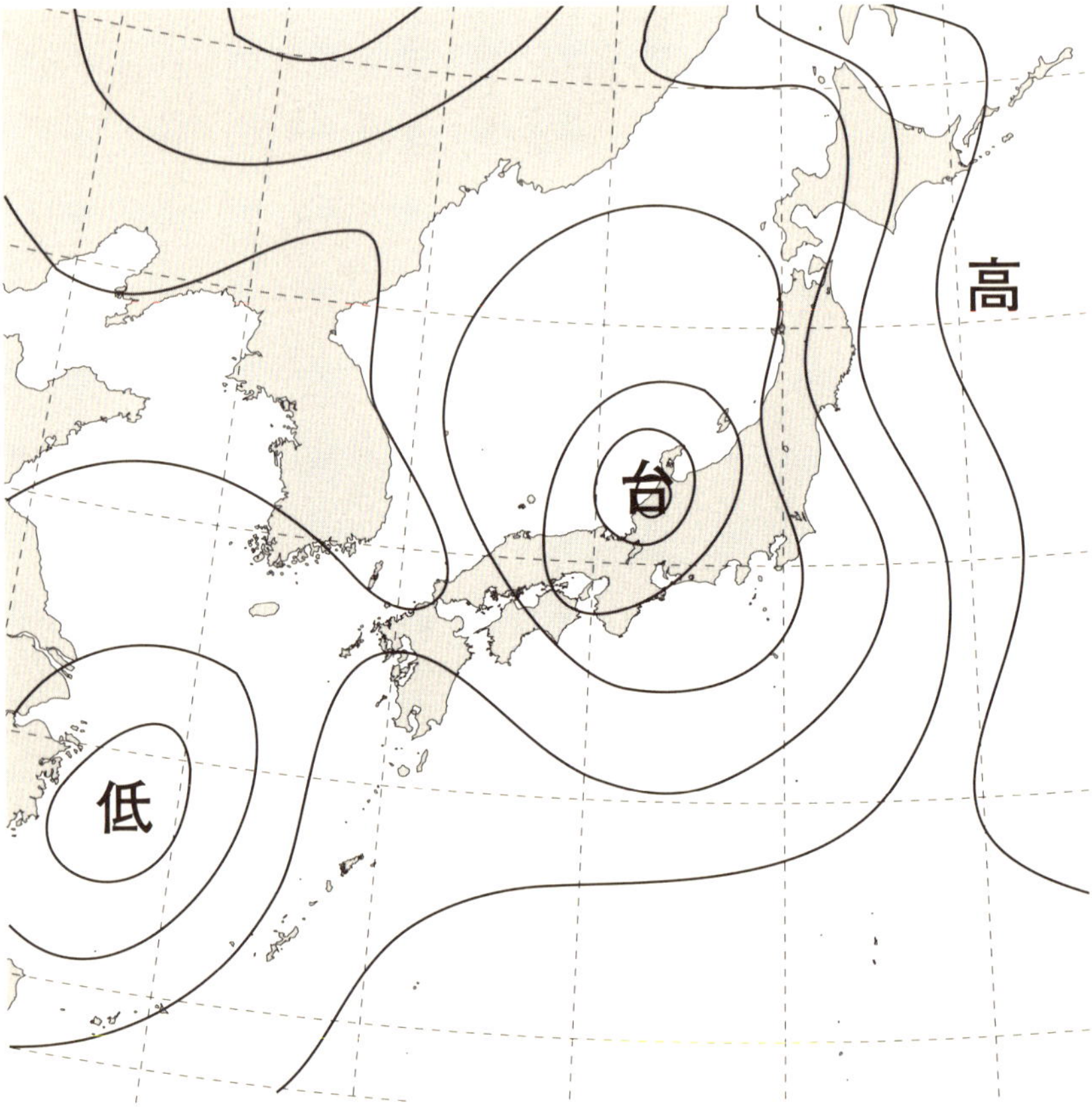

図1　地震発生当日（大正12年9月1日）の天気図（午前6時）の写し
台風の中心気圧は水銀柱748ミリ（997ヘクトパスカル）で熱帯低気圧または温帯低気圧になっている可能性もある

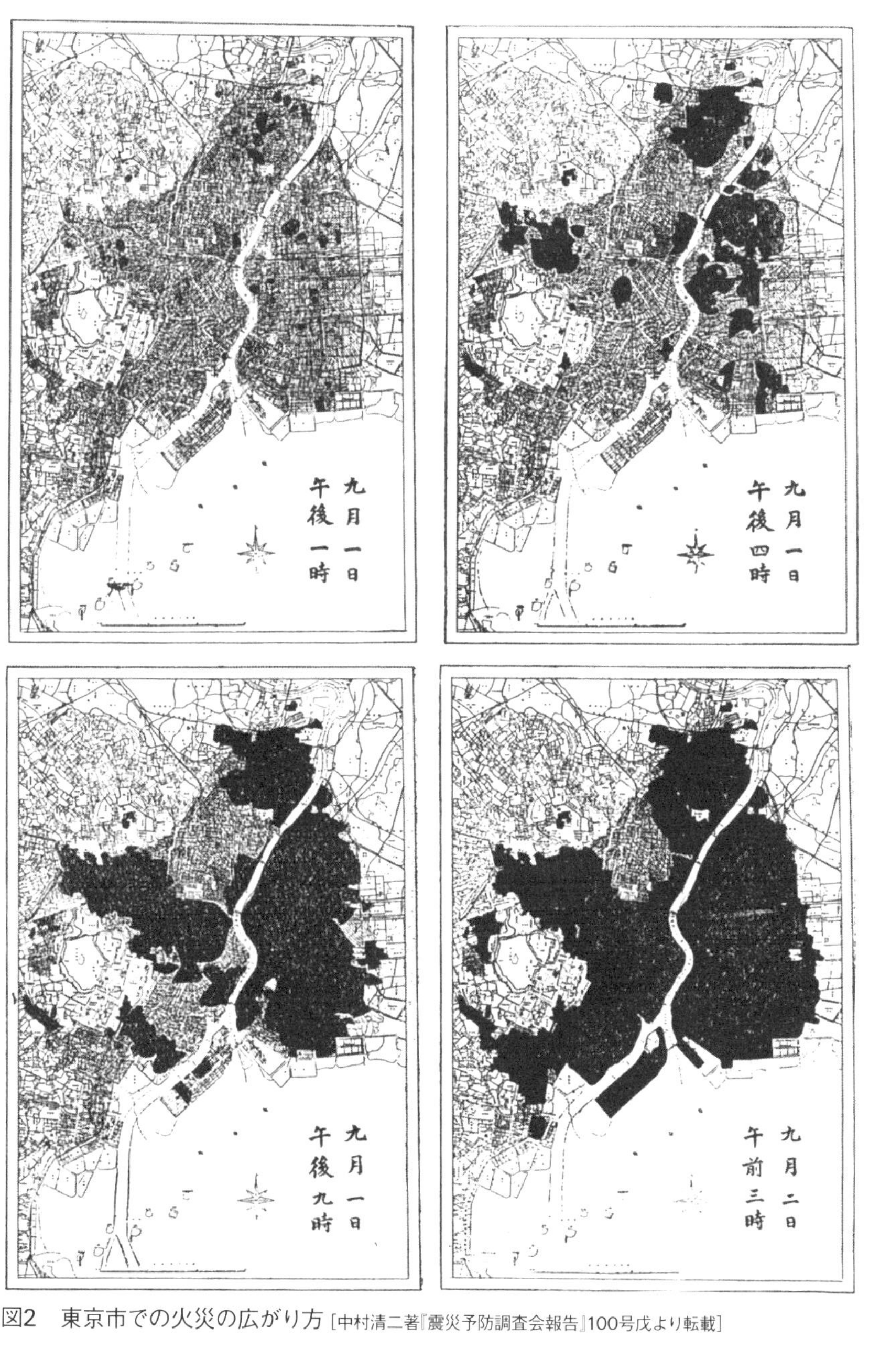

図2　東京市での火災の広がり方［中村清二著『震災予防調査会報告』100号戊より転載］

き起こされた火災旋風によって命を落とした。被服廠跡でこのように恐ろしい火災旋風が起こったのは午後四時頃で、地震発生から実に四時間もあとのことであった。

予想外の大被害

当時、麹町区元衛町（現在の千代田区大手町）の中央気象台（気象庁の前身）の職員として関東地震に遭遇した藤原咲平は、雑誌『思想』の一一月号に「地震と火災」と題して、自らのとった行動と感想を述べている。気象台は、藤原らの懸命の消火作業にもかかわらず、本館、官舎など多くを二日の零時から三時頃にかけて焼失したが、観測資料等重要書類について、被害は最小限に食い止められた。このお陰で今日でもそれらの貴重な資料を利用することができる。以下に藤原の文章を引用する。

「大火災も既に予言されてある。大森博士の地震学の本にも今村博士の本にもあった様に思うが、東京に大地震があれば水道管が破壊するであろう、其の結果大火事になる所があると警告してあった。大地震の有った時、自分には此警告がピンと頭に響いて気象台の官舎の風呂桶や其他に総て水を張らせた。水道の水は赤色になって飲めないと訴えたが、何でもよいから出来るだけ汲んで置けと命じた。併し白状するが此時にも気象台が焼けるとは考えなんだ──市街から充分に隔離してあるから──。只数日間飲料水で難儀すると思うたから風呂にしても善く洗わせた上入れさせた。弥々となれば風呂の水でも飲む積もりであった。……（中略）……自分は始めまさかと思うて居って其の為に困難に陥り大切な物も燃やして仕舞った。あんな時に落付いて居って火災に関する警告をいち早く発したならば多少の効果はあったかも知れぬと思うた。要するに知識なんてものは有った所で活用せなければ役に立たない。今後の教育方法の中には知識を与えると同時に是を活用する事の充分の練習をさして貰いたいものと思う。随分大学者でもいざとなっては何の役にも立たない人もある。大学の先生ならばそれでも差支はないが一般人殊に吾々の様な現業員は機転が大切と言う事をしみじみと感じた。」

関東地震の直前に中央気象台では岡田武松が第四代の台長となっていた。藤原咲平は、その岡田の愛弟子《まなでし》で、ともに大正から昭和にかけて、中央気象台を大きく発展させ、軍部の台頭に伴って起こる中央気象台の陸軍編入要請を退け、命がけで中央気象台を守り抜いた一人である。藤原は、昭和一六（一九四一）年から岡田の後継者として第五代の中央気象台長を務め、日米開戦以来統制下にあったラジオの天気予報を、戦後わずか一週間で再開させ、その後の気象災害から人命を救った人である。その藤原をもってしても、地震直後にあのような大火災になるとは予想だにしなかったのである。ましてや一般市民は、このような大地震が起こることはもちろん、起こった後にあのような惨事になるとは夢想だにしなかったに違いない。被服廠跡に逃げ込んだ人々も、たぶん数時間後に自らの命を失う運命にあるとは誰も考えなかったに違いない。しかしながら現実は東京市で約七万人、横浜市で約二万五〇〇〇人、その他の地域も合わせると約一〇万五〇〇〇人の命が、すべての人々の予想に反して失われてしまったのである。日本の歴史上、地震以外の火山災害、気象災害等、すべての自然災害を含めても、関東地震による災害はワースト一である。

大きな被害の原因は火災だけ？

被害の原因

表1は、被害統計が比較的正確な明治元（一八六八）年から平成一五（二〇〇三）年までに発生した地震災害のワースト二〇である。言うまでもなく関東地震の被害は群を抜いて大きく、死者数や全潰全焼流失家屋数で他の地震に大きく水を空けていることがわかる。表には、被害に対して最も大きな影響を与えた要因を、火災、震動、津波のいずれかで示している。関東地震の被害の最大の要因は東京や横浜で代表される大火災であることは言うまでもないが、それでは他の要因による被害はどれほどあったのであろうか。被害をこのように要因別に分けることは、それほど容易ではない。例えば、火災と震動であるが、震動で家屋が全潰し、家屋の下敷きになった人がその後の火災で家もろともに焼け死んだ場合等、原因をどのように区別すればよいかを考えてもらえば、その難しさは想像できるだろう。

その問題に敢えて挑戦し求めた結果によれば、約一〇万五〇〇〇人の死者のうち、もし火災が起こらなかったとした場合の死者数は、一万四〇〇〇人程度、全潰住家数（焼失地域では焼失前に全潰していたと推定される家屋数を含む）は約一一万棟と推定される。**表1**を再度見て死者数でこの値を他の地震と比べてみると、未曾有の大津波によって、多くの死者を出した明治二九（一八九六）年の三陸地震津波には及ばないが、平成七（一九九五）年に阪神淡路地域を襲い、日本中に大きな衝撃を与えた兵庫県南部地震の死者数をも上回っている。またわが国で最大級の、いわゆる内陸直下型地

表1　明治以後の被害地震ワースト20（死者数順）[宇津徳治編著『地震の事典』を一部修正]

No.	西暦	月	日	地震名	M	死者数	全潰全焼流失家屋数	主な被害原因
1	1923	9	1	関東地震	7.9	105,385	293,387	火災
2	1896	6	15	三陸地震	8.5	21,959	8,891	津波
3	1891	10	28	濃尾地震	8.0	7,273	39,342	震動
4	1995	1	17	兵庫県南部地震	7.3	5,502	100,282	震動
5	1948	6	28	福井地震	7.1	3,728	39,342	震動
6	1933	3	3	三陸地震	8.1	3,008	4,035	津波
7	1927	3	7	北丹後地震	7.3	2,925	11,608	震動
8	1945	1	13	三河地震	6.8	2,306	7,221	震動
9	1946	12	21	南海地震	8.0	1,432	15,640	津波
10	1944	12	7	東南海地震	7.9	1,223	20,476	津波
11	1943	9	10	鳥取地震	7.2	1,083	7,736	震動
12	1894	10	22	庄内地震	7.0	726	6,006	震動
13	1872	3	14	浜田地震	7.1	552	4,762	震動
14	1925	5	23	北但馬地震	6.8	428	3,475	震動
15	1930	11	26	北伊豆地震	7.3	272	2,165	震動
16	1993	7	12	北海道南西沖地震	7.8	230	601	津波
17	1896	8	31	陸羽地震	7.2	209	5,792	震動
18	1960	5	23	チリ津波	−	139	2,830	津波
19	1983	5	26	日本海中部地震	7.7	104	1,584	津波
20	1914	3	15	秋田仙北地震	7.1	94	640	震動

関東地震では火災がなければ死者13,604人、全潰家屋109,713棟、流出埋没1,301棟との推定がある
[諸井・武村共著『日本地震工学シンポジウム論文集』（平成14年）]

震といわれている明治二四（一八九一）年の濃尾地震の死者数をも上回っている。関東地震は、地震後の火災があまりに凄まじかったために、時として他の被害要因が忘れられがちであるが、発生時刻が午《ひる》直前でなく、台風の通過もなく、東京と横浜の消防施設が完備され、火災が最小限に食い止められていたとしても、その災害の大きさは明治以来の地震災害の中で一、二位を争うものであったと考えられるのである。

津波、山崩れ、そして震動

そこで、火災以外の要因による被害の程度をさぐることにする。まずは津波。関東地震による津波は、地震発生後早いところで数分以内に陸地に到達し、伊豆半島東岸から相模湾、房総半島沿岸を襲った。津波による死者を見ると、神奈川県鎌倉郡鎌倉町（現在の鎌倉市）の由比ヶ浜海岸で津波にさらわれ約一〇〇名が行方不明、さらに川口村（現在の藤沢市）江ノ島桟橋で約五〇名が行方不明との記録がある。それだけでも最近の津波災害で大きくクローズアップされた平成五（一九九三）年の北海道南西沖地震や昭和五八（一九八三）年の日本海中部地震と並ぶ被害が生じていたことになる。

次に各地で発生した山崩れに注目する。最も大きな被害を出したのは、神奈川県足柄下郡片浦村（現在の小田原市）の根府川集落で、白糸川上流部で発生した土石流が流れ下り、地震の五分後に山津波に襲われた。六四戸の家屋が埋没、二八九人が死亡した。さらに近くの国鉄熱海線の根府川駅では背後の山が崩れ、停車中の列車を海中に押し流し死者一三一人を出した。また、同村米神（現在の小田原市）でも土石流があり、二一戸が埋没、死者六六人を出した。結局、片浦村だけで、山崩れによって住民だけで三五〇人以上の死者を出したことになる。またこのほかに津久井郡や足柄上郡でも山崩れによって約二〇人もの死者を出し、合計すると五〇〇人以上が命を落としたことになる。このような地震による土砂災害は、明治以後、最大規模のものである。土砂災害はこれに止まらず、九月一二～一五日には中郡大山町（現在の伊勢原市）で、地震で緩んだ山地に大量の降雨があり、土石流で一四〇戸が押し流される被害もあった。幸い避難が早く、死者は一名に止まったが、典型的な二次災害である。

以上の結果から、関東地震が津波災害や土砂災害に関しても、明治以後の地震の中では最上位にランクされる地震であることがわかっていただけたと思う。しかしながら、それらによる死者数を足し合わせても、先に示した一万四〇〇〇人には到底及ばない。残りの多くは、強い揺れによって、建物が全潰し、壊れた建物の下敷きになって命を落とした人たちである。そのことは、火災によらない全潰住家棟数が約一一万棟と、兵庫県南部地震の全潰住家数を上回っていることからも容易に想像できる。

兵庫県南部地震の一〇倍の広さで震度七

震度階

関東地震当時、現在広く使われているような強い揺れが測定できる地震計、すなわち強震計はなく、揺れの強さはもっぱら人体感覚や周りの物の揺れの様子、さらには被害の程度をもとに測定されていた。大地震が発生すると気象庁から即座に発表される震度がそれに当たる。気象庁から現在発表されている震度は計測震度と呼ばれ、強震計で観測された結果をもとに評価されているが、ほんの数年前までは、関東地震当時とほぼ同じ方法で震度が決められていた。このため震度は地震被害と裏腹の関係にあり、今日でも国や地方自治体が、来るべき地震に対する被害想定を行ったり、地震後の震災対策の体制を決めたりする際に重要な役割を担っている。**表2**は、最近まで気象庁が用いていた震度の階級表である。この表は日本独自のものであるが、震度を人体感覚等で決める傾向は世界中どこでも同じである。気象庁が計測震度として発表しているものも、原則としてこの表によって決定される震度と矛盾しないよう配慮され、違いは震度五と六をそれぞれ、強弱二つの階級に分けている点だけである。

震度とよく混同されるものにマグニチュードがある。マグニチュードについては、**第二章**で詳しく説明するが、震度と違い、ある地点の揺れの強さを測る尺度ではなく、様々な地点の揺れの強さから震源の大きさを推定し、それを表す尺度である。したがって、マグニチュードが同じ地震でも、震源から遠く離れた地点では、震源に近い地点より震度は小さくなり、震源から同じ距離にあっても、マグニチュードが大きい地震ほどその地点の震度は大きくなる。マグニチュードも世界中で様々な決め方があるが、本書では特に断らない限り、気象庁が決定または発表しているもの（気象庁マグニチュード）をマグニチュードと呼ぶことにする。

表2　気象庁震度階級［宇津徳治編著『地震の事典』より転載］
気象庁震度階級（1949）と参考事項（1978）

階級	説　明	参考事項（1978）
0	無感。人体に感じないで地震計に記録される程度。	吊り下げ物のわずかにゆれるのが目視されたり、カタカタと音がきこえても、体にゆれを感じなければ無感である。
1	微震。静止している人や、特に地震に注意深い人だけが感ずる程度の地震。	静かにしている場合にゆれをわずかに感じ、その時間も長くない。立っていては感じない場合が多い。
2	軽震。大ぜいの人に感ずる程度のもので、戸障子がわずかに動くのがわかる程度の地震。	吊り下げ物の動くのがわかり、立っていてもゆれをわずかに感じるが、動いている場合にはほとんど感じない。眠っていても目をさますことがある。
3	弱震。家屋がゆれ、戸障子がガタガタと鳴動し、電燈のような吊り下げ物は相当ゆれ、器内の水面の動くのがわかる程度の地震。	ちょっと驚くほどに感じ、眠っている人も目をさますが、戸外に飛び出すまでもないし、恐怖感はない。戸外にいる人もかなりの人に感じるが、歩いている場合感じない人もいる。
4	中震。家屋の動揺が激しく、すわりの悪い花びんなどは倒れ、器内の水はあふれ出る。また、歩いている人にも感じられ、多くの人々は戸外に飛び出す程度の地震。	眠っている人は飛び起き、恐怖感を覚える。電柱・立木などのゆれるのがわかる。一般の家屋の瓦がずれることがあっても、まだ被害らしいものではない。軽い目まいを覚える。
5	強震。壁に割れ目が入り、墓石・石どうろうが倒れたり、煙突・石垣などが破損する程度の地震。	立っていることはかなり難しい。一般家屋に軽微な被害が出はじめる。軟弱な地盤では割れたりくずれたりする。すわりの悪い家具は倒れる。
6	烈震。家屋の倒壊は30％以下で、山くずれが起き、地割れを生じ、多くの人々が立っていることができない程度の地震。	歩行は難しく、はわないと動けない。
7	激震。家屋の倒壊が30％以上に及び、山くずれ、地割れ、断層などを生じる。	

兵庫県南部地震

話を震度と被害に戻す。平成七（一九九五）年一月一七日の早朝発生した兵庫県南部地震による被害は、発生当初より阪神大震災と呼ばれていた。この呼称自身どこか関東大震災と対比した響きがある。これを裏付けるかのように、この地震の揺れが関東地震の揺れを上回っていたというような記事が新聞紙上を賑わせていた。兵庫県南部地震の揺れの強さを論じるときに、なぜ関東地震が引き合いに出されるのか。それはわが国の歴史上最悪の地震災害を受けた反省にたって、大正一三（一九二四）年に「市街地建築物法」が改訂され、設計荷重に地震力が加えられ、現在の建築基準法のルーツとなっているためである。関東地震とまったく無縁な地域でも、建物の耐震性を論じるときに、「関東大地震が来ても大丈夫」等とよく言われるのもこのためである。それでは、本当に兵庫県南部地震による震源直上の揺れは関東地震の震源近傍における揺れを上回っていたのだろうか。

地震の震源は地下で断層がずれ動くもので、関東地震の震源断層は、先に述べたように神奈川県西部から相模湾さらには千葉県の房総半島の先端部にかけての地下で動いた。**図3**（a）の楕円がその下に断層が存在する範囲である。これに対して、兵庫県南部地震の震源断層は、神戸市の市街地から淡路島の西岸にかけての地下で動いた。関東地震の断層面が北北東に向かって二〇度程度の底角で傾いているのに対し、兵庫県南部地震の断層面はほぼ垂直で、地表に投影すれば、**図3**（b）のように一本の直線になる。**図3**（a）と**図3**（b）は同じ縮尺の地図である。同じスケールで見ると関東地震の震源断層が兵庫県南部地震の震源断層に比べてはるかに大きいことがよくわかる。**表3**に関東地震と兵庫県南部地震の断層の大きさを比較した。断層面の長さと幅、それに断層が食い違っ

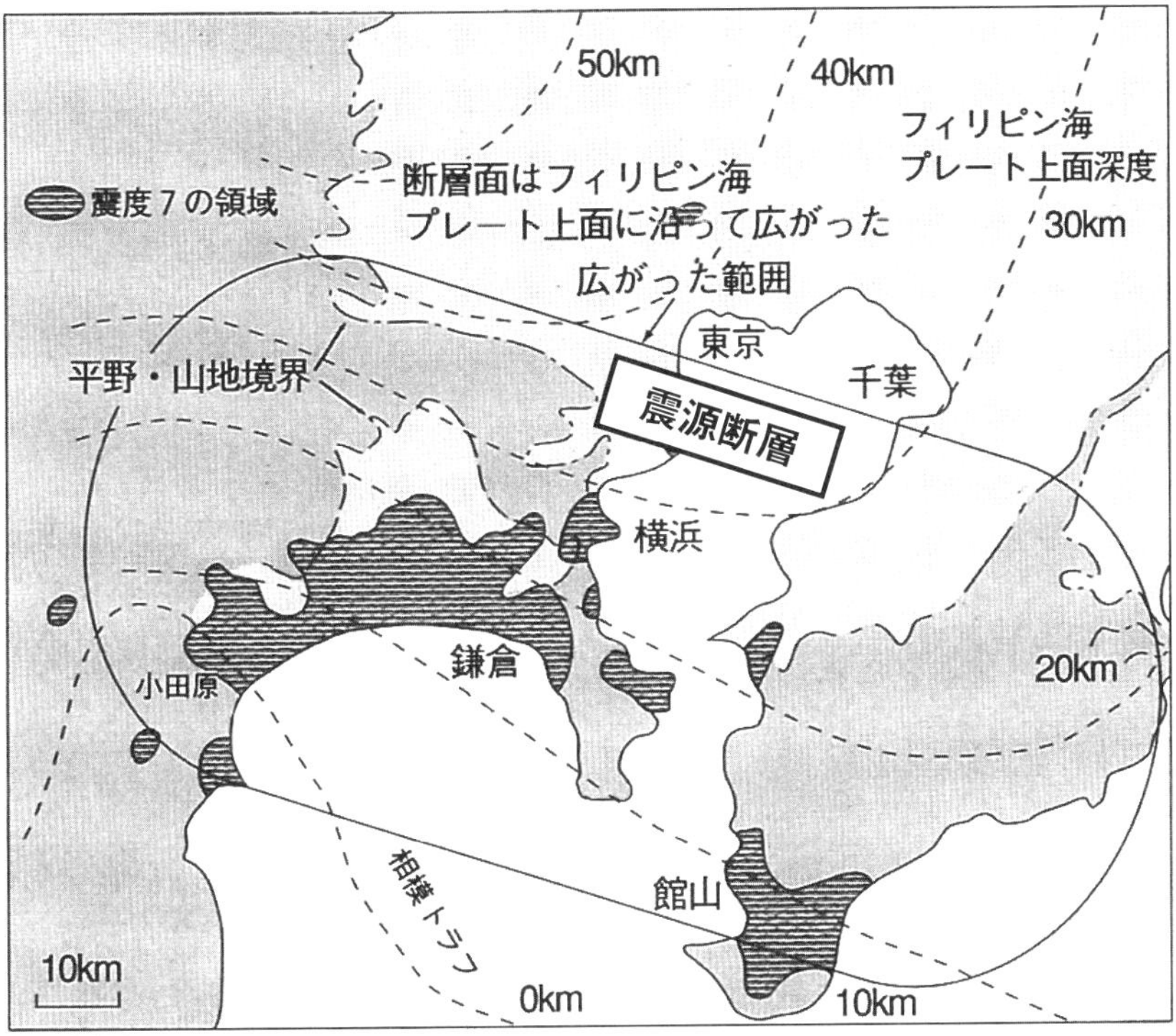

(a)関東地震

(b)兵庫県南部地震

濃い網掛け部分が震度7の領域。一点鎖線は山地と平野の境界を示す。やや濃い部分が山地、薄い部分が平野および丘陵

図3　関東地震と兵庫県南部地震の震源断層と震度7激震域の比較

た量、どれをとっても関東地震の方が兵庫県南部地震に比べて大きいことがわかる。このため震源の規模を示すマグニチュードも関東地震は七・九、兵庫県南部地震は七・三と関東地震の方が大きくなっている。

激震域

図3（a）には**表2**の震度階級表に従い、家屋の全潰率が三〇％以上で震度七（激震）と判定される地域を示した。比較のために、**図3**（b）に兵庫県南部地震に対して気象庁が発表した震度七の範囲を示す。関東地震による震度七の地域は小田原から鎌倉にかけての相模平野一円や南房総など兵庫県南部地震による震度七の地域に比べ、はるかに広いことがわかる。揺れの強さは地点ごとに微妙に異なり、震源直上でどちらの地震の揺れが強かったかは一概には言えないが、少なくとも関東地震では、兵庫県南部地震の場合と比較にならないほどの広範囲で強い揺れに襲われたことは確かである。

兵庫県南部地震の際には、震度七に見舞われた地域からわずか十数キロメートルしか離れていない大阪で、地震直後からほぼ平常どおりの生活が営まれ、被災地に対する救援活動を大いに助ける結果となった。これに対し関東地震の場合は被災地の範囲が広く、そのこと自体救援活動に大きな障害になったものと考えられる。兵庫県南部地震の神戸市とは異なり、関

表3　関東地震と兵庫県南部地震の震源断層の大きさおよびマグニチュード*M*の比較

地　震	断層長さ	断層幅	食い違い量	*M*
1923年関東地震	130km	70km	2.1m	7.9
1995年兵庫県南部地震	50km	15km	1.0m	7.3

東地震では当時一番の人口密集地域であった東京市が、震源断層の直上からややはずれていたにもかかわらず、全潰家屋とそれに伴う死者数が兵庫県南部地震を上回るようになったのは、揺れの強い範囲が広かったことが原因である。このように強い揺れの範囲の違いは、震源断層の広がりの違いによるものと考えられる。

工場の惨状

関東地震は、このように広い範囲に強い揺れを起こしたために、多くの建物が震動によって被害を受けた。被害を受けたもののうち最も多かったのが一般の木造住宅であることは、兵庫県南部地震や他の被害地震と変わらない。しかしながら兵庫県南部地震とは異なる面もある。その一つは、多くの工場で建物が倒潰し、そこで一度に多数の人命が失われたことである。発生時刻が、兵庫県南部地震のように早朝の始業前ではなく、皆が働いていた昼間であったことにもよるが、当時の工場設備の不備など、労働環境が大きく異なっていたという社会的側面も原因として考えられる。いずれにしても、歴史的事実として、工場被害の惨状も関東地震による被害の特徴として指摘しておきたい。

表4に二五人以上の死者を出した工場のリストを示す。これらは、東京府、神奈川県、静岡県に分布し、中でも、神奈川県保土ヶ谷町（現在の横浜市保土ヶ谷区）の富士瓦斯紡績では工場の煉瓦壁が倒潰し一度に四五四人もの死者を出している。この数は先に述べた根府川集落が山津波によって埋没した際の死者をも上回るものである。富士瓦斯紡績は、このほか橘樹郡川崎町（現在の川崎市）で一五四人、静岡県の駿東郡小山町（現在も駿東郡小山町）で一二三人の合計七三一人の死者を

表4　おもな工場被害による死者数

府県	郡	市町村	工場名	死者数
東京府	北豊島郡	王子町	東洋紡績	85
		王子町	東京毛織	31
		岩淵町	小口組製糸工場	25
	南葛飾郡	吾嬬町	東京モスリン	数十名
		亀戸町	東京モスリン	39
		亀戸町	日清紡績	26
	南足立郡	西新井村	東京紡績	43
神奈川県	橘樹郡	川崎町	東京電気	65
		川崎町	富士瓦斯紡績	154
		保土ヶ谷町	富士瓦斯紡績	454
	中郡	平塚町	相模紡績	144
	足柄下郡	足柄村	小田原紡績	134
静岡県	駿東郡	小山町	富士瓦斯紡績	123

図4　紡績工場の倒潰（小田原）［金井圓・石井光太郎共著『神奈川の写真誌　関東大震災』より転載］

一社で出した勘定になる。富士瓦斯紡績に代表されるように大きな被害を出した工場の大半は、当時の日本の基幹産業であった紡績工場である。**図4**は、小田原近くの倒潰した紡績工場の写真である。工場の建物は、木造、煉瓦造を問わず、大空間を必要とし壁や柱が少ない構造になりがちである。そのうえ本格的な建築基準ができる以前の建物であり、震度六から七の強い揺れによってひとたまりもなく倒潰したものと思われる。工場には、農村部から働きに来ていた若年労働者も多数含まれていたであろうことを思うと、誠に痛ましい限りである。

第二章　震源を探る

世界一の観測網で捉えた震動

日本の観測網

震源で断層が動き始めたのは、九月一日の一一時五八分三二秒であった。それに伴って地震波が発生し、震動が各地へ広がった。震源断層からは、P波とよばれる縦波の地震波とS波とよばれる横波の地震波が同時に出るが、P波の速度はS波の速度より約二倍速いので、どこにいてもまずP波による震動を感じ、しばらく後にS波の震動を感じる。一般にS波による震動の方がP波による震動より大きいために、P波の到達からS波の到達までの震動を初期微動といい、その長さを初期微動継続時間という。P波とS波に速度差があることから初期微動継続時間は震源から遠く離れるほど長くなる性質がある。

このときは、一一時五八分三二秒に震源を発した地震波（P波）が、北東に向かっては、東京に一一時五八分四四秒、仙台一一時五九分二一秒、函館一二時〇分一三秒、さらに当時日本領であった南樺太の大泊に一二時一分二〇秒に到達し、到達と同時にその地を揺らせ始めた。また南西に向かっては、岐阜に一一時五九分二秒、下関一二時〇分二二秒、さらに九州、沖縄を経て、これも日本領であった台湾の台北に一二時一分四九秒に到達した。**図5**は地震発生後各地の測候所の地震計が記録した揺れの様子である。これらの記録は、すべて気象庁地震火山部地震津波監視課に保管されている地震記録の写真からトレースしたものである。

関東地震当時すでに日本には地震計を設置している測候所が六〇余り、さらに東京大学、京都大学、東北大学等の帝国大学でも地震観測が行われ、日本列島には当時から、世界的に見ても最も密度の高い地震観測網がしかれていた。それらの観測所の地震計が地震発生後、三分余りの間に次々と動きだしたわけである。当時用いられていた地震計は、大森式地動計、大森式微動計、大森式簡単微動計、中村式簡単微動計、今村式強震計等で、それぞれ考案者の名前が冠されている。日本全国の記録について調査した結果、記録が残っていることがわかった地点を**図6**に示す。□で囲った地点は振り切れていない記録、つまり完全に地面の揺れを記録できた地点である。

地震計

地面の揺れを完全に捉えるといっても、あくまで地震計がもつ能力の範囲でという意味である。地震計には今も昔も振り子が使われている。振り子を不動点として、振り子の先に付けられたペンが、地面とともに動くドラム上の記録紙に、揺れの様子を描くのである。現在では、振り子の相対

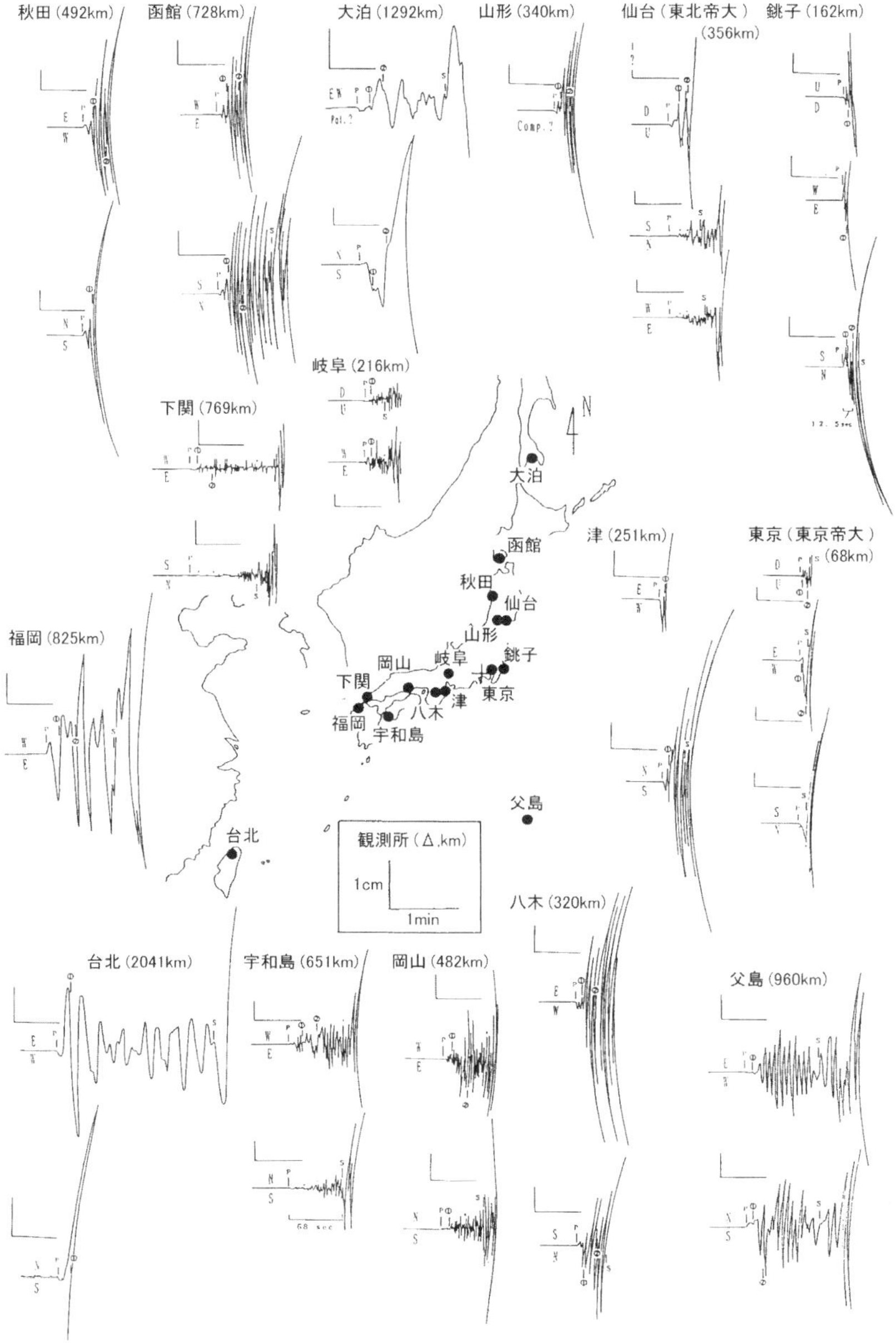

図5　地震計により各地で観測された揺れの記録（　）内の数字は震央距離Δ

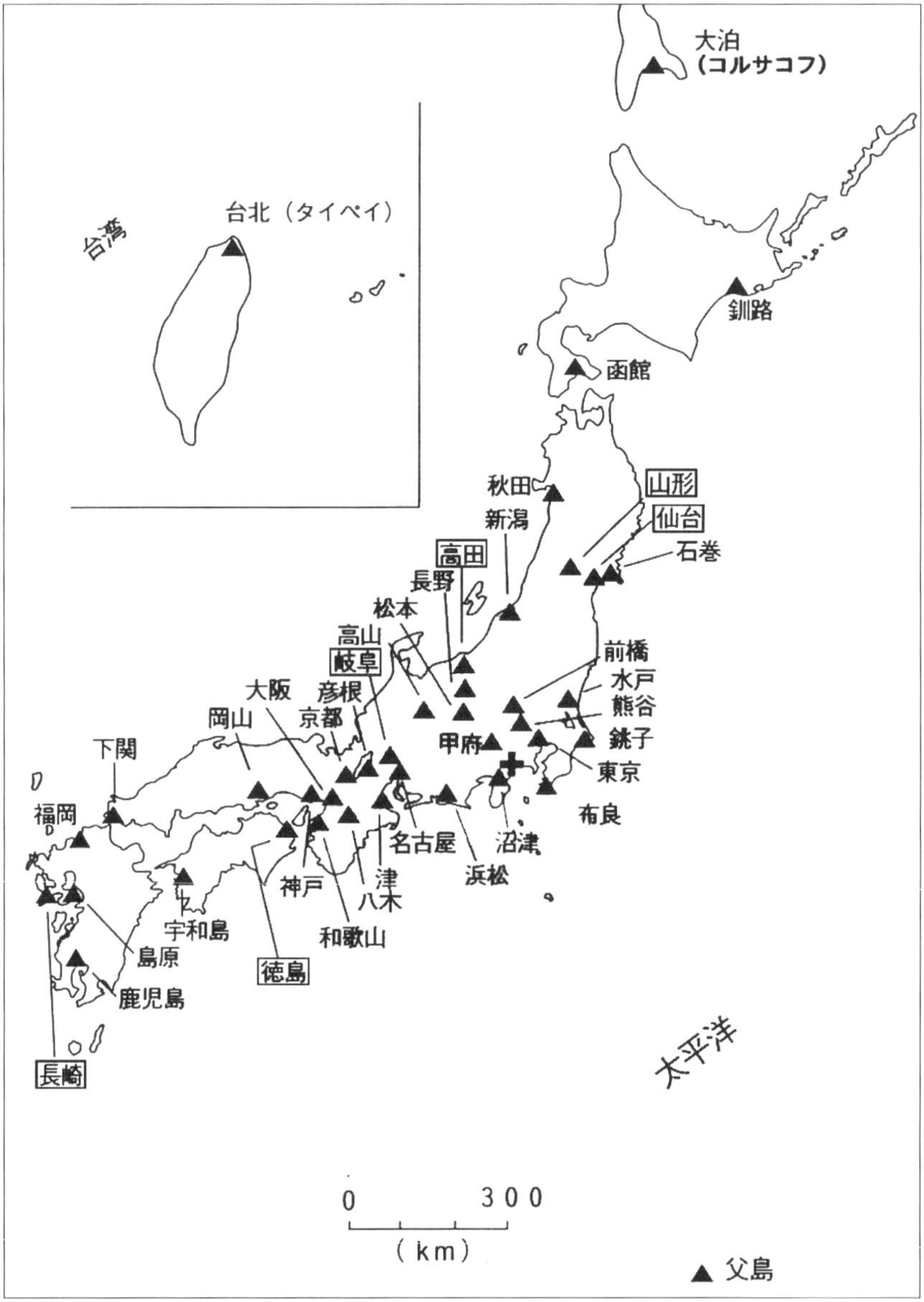

図6　地震計による記録が現存する地点 □は振り切れていない記録のある地点、+は震央位置

的動きを電気信号に変え、増幅器によって信号を大きくして記録する電磁式地震計が主流であるが、当時は振り子の微細な動きをテコの原理で拡大する機械式地震計が主流であった。このため記録紙を巻くドラムも、ゼンマイと歯車を駆使し、地震がいつ起こっても揺れを記録できるよう常時回り続ける工夫がされていた。

　地震計本体の振り子は、それぞれ固有の周期（振り子を振った時に元の位置に戻るまでの時間）をもち、その周期より短い周期の揺れに対して不動点となる性質をもっている。したがって、振り子の固有周期が長いほどゆっくりとした地面の動きまで正確に記録できるようになる。大森式地動計の固有周期は長いものでは三〇秒もあった。ちなみに地面の動きを拡大する倍率は二〇倍であった。**図5**で大泊、福岡、台北の記録が周期の長い波を記録しているが、これらが大森式地動計による記録である。しかしながら、固有周期が長い振り子は装置が大がかりで保守管理も大変なので一般の測候所では使いにくい。このため固有周期を五秒程度に抑えてコンパクトにしたのが簡単微動計で、その名のとおり持ち運び簡単（実際にはかなり重い）、保守管理簡単で、倍率は二〇～五〇倍が標準だった。一方、大森式微動計は、大森式地動計の倍率を一二〇倍まで上げたもの、今村式強震計は簡単微動計の倍率を二倍まで下げ、強い揺れでも振り切れないようにしたものである。関東地震は、地震の規模が大きく日本各地に大きな震動が伝わったため、今村式強震計以外の地震計の記録はほとんど途中で振り切れてしまった。**図6**において□で囲った地点の振り切れていない記録のすべては、今村式強震計で観測されたものである。**図7**は岐阜測候所で使われていた今村式強震計の写真である。

　日本の地震観測は、明治八（一八七五）年に東京気象台の創設と同時に始まった。その後、主に外国

図7　岐阜測候所で使われていた今村式強震計［岐阜県立博物館にて撮影］

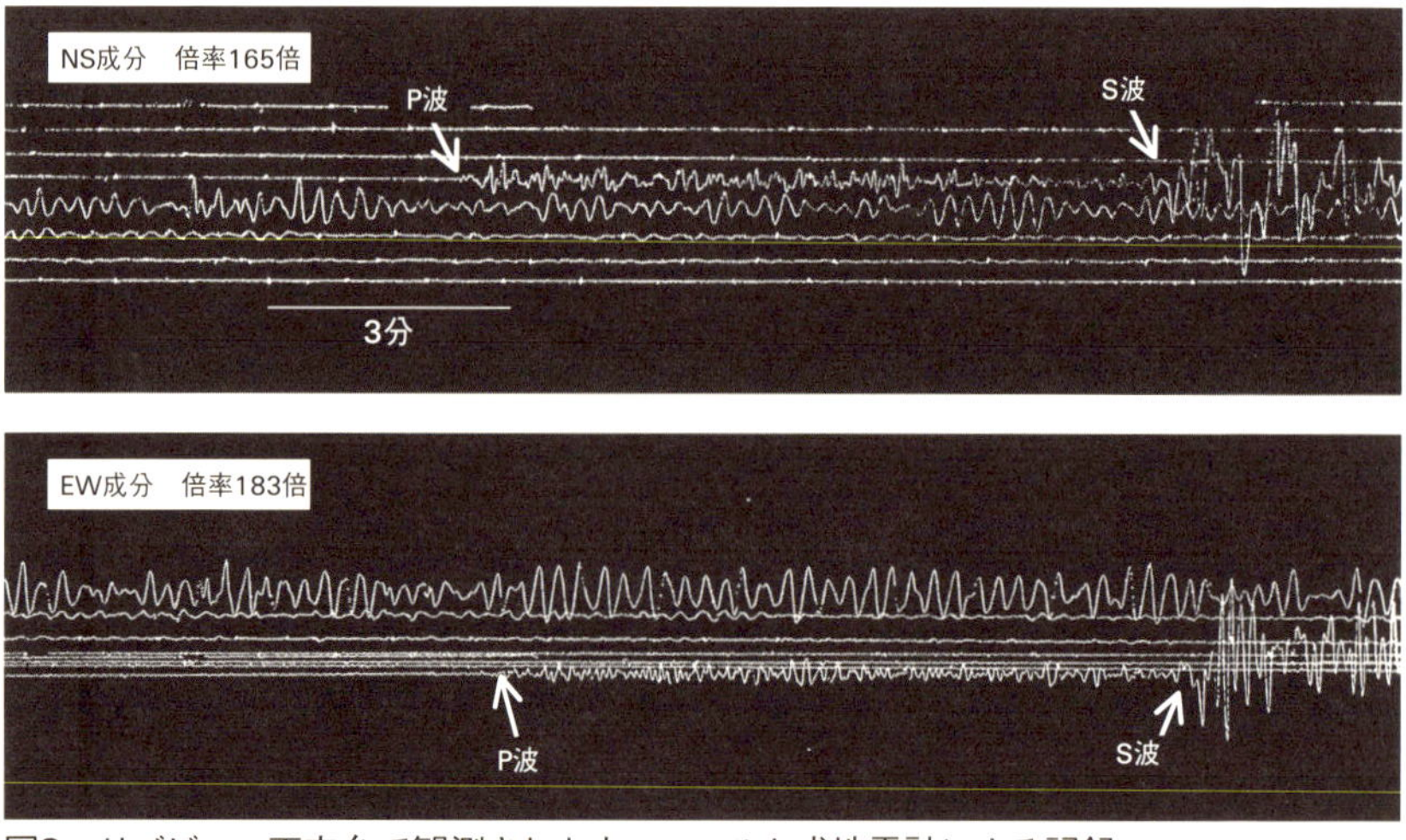

図8　リバビュー天文台で観測されたウィーヘルト式地震計による記録
［元東大地震研究所教授・宮村摂三氏より記録紙の写し提供］

人教師やその弟子の日本人により様々な地震計が考案された。明治三〇（一八九七）年以前は、連続観測ができる地震計がなく、感震器が地震の揺れを感じるとストッパーが外れてゼンマイ仕掛けでドラムが回転する仕組みになっている地震計が使われていた。グレー・ミルン・ユーイング（G・M・E）式地震計はその代表であり、普通地震計とも呼ばれている。これに対し明治三一（一八九八）年以降、連続観測を可能にしたのが大森式の各種地震計である。関東地震当時日本で用いられていた地震計の大半は、大森式の流れをくむもので、その考案者は東京での大地震発生の予測をめぐって、今村明恒と対立したと言われているあの大森房吉である。

国外の観測

関東地震が発生したまさにその時、大森房吉はオーストラリアのシドニー近郊にあるリバビュー天文台の地震計の前にいて、突然描針が大きく振れるのを見ていたといわれている。大森は汎太平洋学術会議に出席していたが、会議当初より体調がすぐれず会議後のエクスカーションにも参加しなかった。この日は天文台長の招きで天文台を訪れ、昼餉《ひるげ》の後、地震観測施設を見学している最中であった。間もなくこの地震が東京付近を震源とする地震であることを知り愕然としたに違いない。そのとき大森が目にした記録を**図8**に示す。

当時、すでに、世界各地で高感度の地震計による観測が行われていた。関東地震による震動も世界を駆け巡り、これらの地震計によって記録されている。主な地点をあげると、上記のリバビュー、アメリカのバークレイ、スウェーデンのウプサラ、フランスのストラスブール、エジプトのヘルワンなどである。観測に用いられた地震計で代表的なものは、ドイツ人のウィーヘルトが考案したウィーヘルト式地震計で、多くは倍率が一〇〇～二〇〇倍、固有周期が五～一〇秒で設定された機械式地震計である。関東地震後、日本でも地震観測網をより充実させる機運が高まり、各測候所にウィーヘルト式地震計が配置され、昭和三〇年代に後続機種で同じ特性をもつように設計された五九型電磁式地震計に引き継がれるまで、気象庁の標準地震計として活躍することになる。

大森地震学

東京での緊急事態を知り、大森は予定を早め急遽帰国の途につくが、今村の主張した東京での大地震予測を浮説として退けたこともあり、心中いかばかりであったろうか。大森の病は脳腫瘍で、一〇月四日に横浜港に到着するがそのまま病院に運ばれ、一一月八日には帰らぬ人となってしまった。享年五五であった。大森は、明治二四（一八九一）年に東京帝国大学の地震学教室の助手になった。明治二四年は濃尾地震の年で、文明開化で西洋の建物や文化を急速に採り入れていた日本に対し、この地震の災害は、日本独自の地震に強い建物文化の形成の必要性を痛切に感じさせることになった。このため、政府は翌年文部省に震災予防調査会を設立し、地震災害軽減のために、耐震構造、地盤震動、地震活動、地震予知などの調査研究を進めることになる。大森は死去するまでの約三〇年間、超人的な働きで、震災予防調査会の牽引車となった。この時期の地震学が大森地震学と呼ばれる所以《ゆえん》である。

今村明恒は大森の二つ年下で、明治二四年に東京帝国大学の学生として地震学を始めて以来、大森とともに震災予防調査会を支えてきた一人である。東京での大地震予測に関し両者の間で論争があったとはいえ、今村は大森を尊敬していたと思われる。そのことは今村が、関東地震発生直後から自らの行動を書き続けた日記「大地震調査日記」からも窺い知ることができる。今村は、大森の死が確実となった一〇月三一日に大森の勲功調査を大学から命ぜられた。その日の日記の最後に「今日、斯くの如き学会の偉人を、要するに最も切なる時期に於いて、先生の勲功を調査しなければならぬとは、何たる悲しいことであろう。今回の大震火災は大損失を以て終始したことであるから、今茲に此の悲しき調査を以て暫時筆を措く事とする。」と記して、日記を終了している。

大森亡《な》き後、今村は震災予防調査会の幹事を引き継ぎ、関東地震後の地震研究推進の気運の中で、調査会を改組拡大して地震の研究機関をつくる案を出す。ところが統計と計測を中心とするそれまでの大森地震学に飽き足りないグループに退けられ、より物理学的な新しい地震学を目指して東大地震研究所が設立されることになった。大正一四（一九二五）年のことである。その後、地震学は同研究所を中心として展開していくことになる。このように、関東地震は日本における地震学そのものの性格を変え、それ以後、地震予知に代表されるような地震防災のための研究の総合化を急ぐことなく、個々の現象を物理的に深く探究することに重点が置かれることになる。平成七（一九九五）年の兵庫県南部地震に際して、それまで経験や計測を中心としていたとして地震予知への研究が批判され、より物理学的な方向へ地震学を向けようとした動きと似たところがある。歴史は繰り返すというべきか。

マグニチュード七・九は本当か？

マグニチュードとは

第一章で説明したようにマグニチュードは震源からどのくらい強い震動（地震波）が出たかを表すことによって震源の大きさを測ろうとする尺度である。もともとマグニチュードは、昭和一〇（一九三五）年に米国のリヒターという地震学者が考え出したものである。リヒターは、地震計によって観測された記録の最大の振れ幅（最大振幅）が、震源からの距離によってどのように減るかの関係（距離減衰式）をカリフォルニアで研究し、その結果をもとに距離一〇〇キロメートル相当の地点に、観測された最大振幅値をそろえ、その平均を取って地震の大きさを表すことにした。その考え方を、戦後、ウィーヘルト式地震計を主体とする気象庁の観測網にあてはめたのが現在気象庁の発表しているマグニチュード（記号Mで表す）である。その際、用いている式は坪井忠二が昭和二九（一九五四）年に発表した次式である。

$$M = 0.5\log(An^2 + Ae^2) + 1.73\log\Delta + 2.17 \cdots\cdots ①式$$

ここで、Δは震源の真上の地表の点（震央）から観測点までの距離（震央距離、単位はキロメートル）、AnとAeは水平動の南北成分と東西成分を示し、ウィーヘルト地震計またはそれと同じ特性をもった地震計で観測された記録紙上の最大振幅値を倍率で割った値（単位はミリメートル）である。

米国でリヒターがマグニチュードを考え出した数年後の昭和一八（一九四三）年に、日本では河角広が震央距離一〇〇キロメートルにおける震度をもって震源の大きさを定義した。これを河角マグニチュード（Mk）と呼ぶ。考え方はリヒターのマグニチュードと同じで、観測された記録の最大振幅値を用いる代わりに各地で観測される震度の値を用い、震度の距離減衰式を使って震央距離一〇〇キロメートル相当の震度を求め、その平均を取るというやり方である。河角は戦後二つのマグニチュードの関係を以下のように求めている。

$$M = 4.85 + 0.5Mk \quad \cdots\cdots\cdots\cdots ②式$$

河角マグニチュードを考えれば、震度は地震の際のある地点での揺れの強さ、マグニチュードは、地震ごとに同じ震央距離に揺れの強さをそろえ、それをもとに震源から出る地震波の強さを相対的に比べようとした値であることが容易に理解できるだろう。

七・九の由来

関東地震のマグニチュードは、多くの文献や書物に七・九と書かれている。**第一章**の**表1**や**表3**でもその値を採用した。マグニチュードが最初に考案されたのは、関東地震の一〇年以上後の昭和一〇（一九三五）年であり、その値は地震直後に決められた訳ではない。誰が、いつ、どのようなデータをもとに決めたのであろうか。これだけ有名な値なのに明確にわかっている訳ではない。おかしな話である。

M＝七・九の値が現れるのは、昭和二七（一九五二）年版の中央気象台（現在の気象庁）の地震観測法の付録一二「日本附近における地震規模表（一八八五年〜一九五〇年）」においてである。一方、河角広による昭和二六（一九五一）年の論文によれば、日本における過去の大地震について河角マグニチュードMkの一覧表があり、関東地震のMkは六・〇と書かれている。どのようなデータを基に六・

〇と定められたか必ずしも明らかでないが、関東地震の際に震央距離が約一〇〇キロメートルの東京での震度が六であったことが、重要な資料となっているようである。Mk＝六・〇として式②を用いてMを求めるとM＝七・八五となり、四捨五入してM＝七・九、これが関東地震のMの真相らしい。後で述べるように同じ東京でも、場所によって揺れ方に相当の違いがあり、基にしたデータが、当時の中央気象台が発表した東京での震度六だけだとしたらあまりにも心許ない評価といわざるを得ない。その後、他の研究者によってもこの値の妥当性が検討されているが、直接、観測記録に立ち戻ってマグニチュードを評価した結果はない。

そこで、当時展開されていた日本の観測網による記録を用いて、直接坪井の関係式①から五〇年ぶりにマグニチュードを評価することにした。

再評価

坪井の関係式でマグニチュードを決めるためには、水平動の記録の最大振幅値を用いなければならない。このためには、振り切れていない記録が必要である。しかも固有周期などがウィーヘルト式地震計と同じような特性をもった地震計で観測された記録である必要もある。振り切れていない記録といえば、**図6**の□で囲った六観測点での今村式強震計の記録がある。幸い、地震計の特性は、ウィーヘルト式と似ており、特性の差の影響を調べたところ、マグニチュードの評価にほとんど影響しないことがわかった。

図9は仙台の東北帝国大学の向山観象所で観測された今村式強震計による記録である。**図8**の記録もそうであったが、紙が黒いのは、当時の記録が、煤《すす》を紙に薄く付け、その上を描針で引っかい

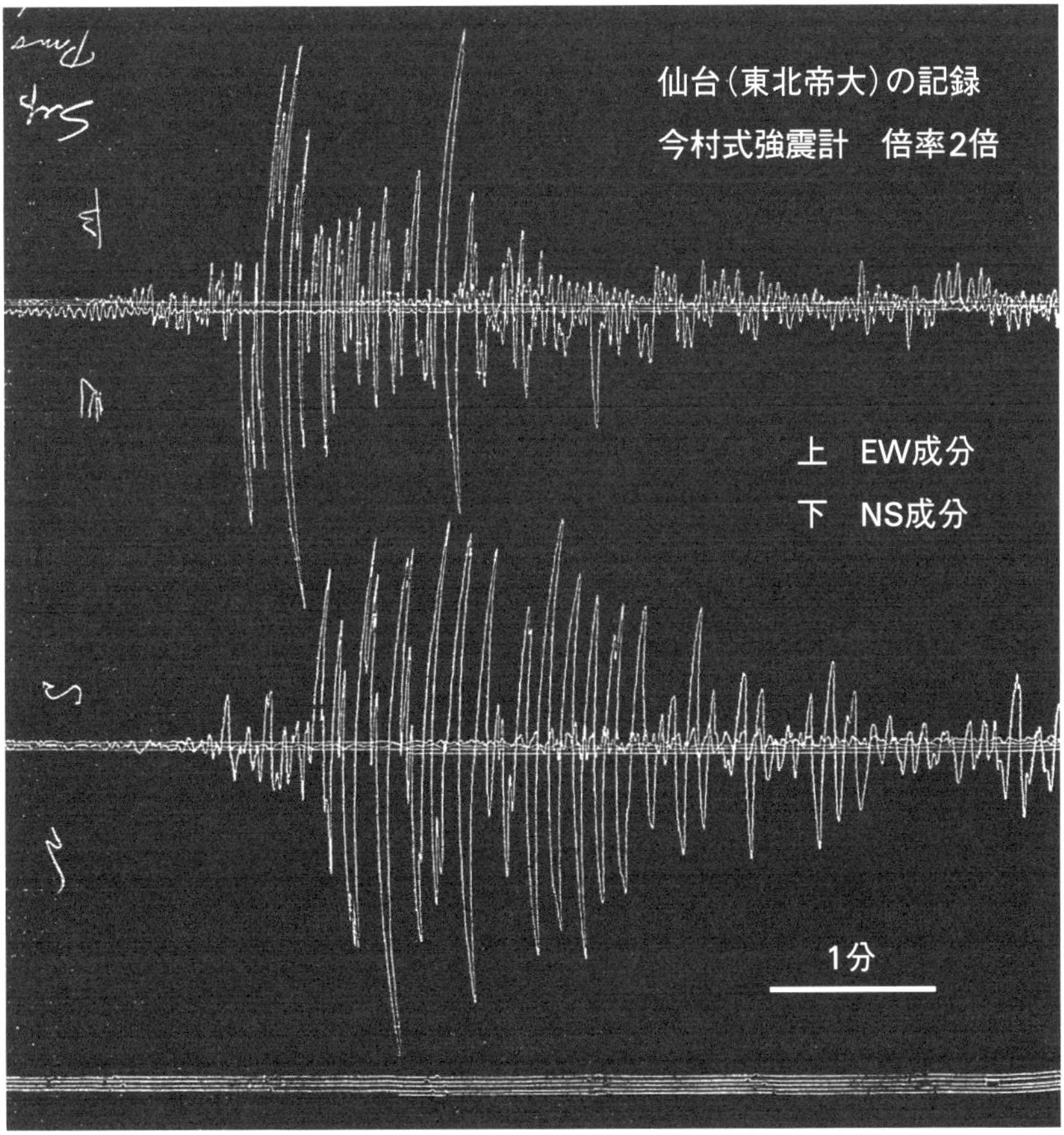

図9　仙台（東北帝大）で観測された今村式強震計による記録
［東北大学地震予知・噴火予知研究観測センターより提供］

て記録していたためで、できるだけ線を細くして、地震波の到達時刻を正確に読んだり、紙と描針との摩擦をできるだけ少なくして、スムーズに所定の倍率に地面の揺れを拡大するためには、最適な機構であった。このため、気象庁でも本格的に電磁式地震計を用いるようになる昭和四〇(一九六五)年頃まで、この方式が広く採用されていた。

表5は各観測点の記録から読んだ最大振幅の値である。記録をよく見ると、高田の二成分と岐阜の南北成分は、記録が振り切れていて正確な最大振幅値が読めなかった。このため最大振幅値は読んだ値以上という意味で>を付している。また通常は式①を用いて、水平二成分から観測点ごとに一つのマグニチュードを評価するのであるが、観測点の数が少ないので、式①で$An = Ae$と仮定して、表に示すような新たな式を導き、それを用いて成分ごとにマグニチュードMを評価した。長崎の結果は、成分ごとにかなり差が大きいので、平均値を求める際には長崎の結果を含む場合と除外した場合の二ケースについて結果を求めた。結果は標準偏差を減らすが平均値にはあまり大きな変動を与えないことがわかる。また平均値を求める際には下限値を与えると思われる高田の両成分および岐阜のNS(南北)成分の結果は除いた。

以上の結果より、関東地震のマグニチュードはほぼM=八・一±〇・二であることがわかる。高田の両成分や岐阜のNS成分による値は七・八～七・九であり、下限を与えると考えると上記の評価と整合する。この結果、従来から用いられているM=七・九はやや小さめであるが標準偏差を考慮すれば許容範囲内の値であるということになる。やれやれというべきか。

表5　マグニチュードの再決定に用いた評価式、最大振幅値A、決定値M

観測点	震央距離Δ	成分	最大振幅A	マグニチュードM
仙台（東北帝大）	356km	南北	28.5mm	8.19
		東西	32.3mm	8.24
山形測候所	340km	南北	25.5mm	8.11
		東西	41.3mm	8.32
高田測候所	211km	南北	>26.1mm	>7.8
		東西	>24.6mm	>7.7
岐阜測候所	216km	南北	>32.9mm	>7.9
		東西	35.5mm	7.91
徳島測候所	445km	南北	11.6mm	7.97
		東西	9.0mm	7.86
長崎測候所	903km	南北	2.5mm	7.83
		東西	21.4mm	8.76
			平均	8.1±0.3
			平均（長崎を除く）	8.1±0.2

$M = \log A + 1.73 \log \Delta + 2.32$

関東地震は双子地震

断層モデル

関東地震が発生した大正末期、地震の震源で何が起こっているのかはもちろんわかっていなかった。地震の震源が地下で動く断層であることがはっきり確信されたのは、ずっと時代が下って昭和四〇（一九六五）年頃である。地震の震源として断層モデルの基礎が固まった時期である。その頃いわゆるプレートテクトニクスの考えも確立され、断層を起こす原因の一つが、海底の岩盤が陸地の下にもぐり込んでいるためであることがわかってきた。

関東地震の断層モデルが、これらの考えをもとに、金森博雄や安藤雅孝によって評価されたのは、折しも地震発生後五〇周年を迎える昭和四五（一九七〇）年頃のことである。彼らは、先に紹介した外国で観測された波形記録や地震直後に陸軍の陸地測量部（現国土交通省国土地理院）が南関東地域において実施した水準測量によって得られた地震前後の地面の変動量の分布をデータとして解析した。

第一章の図3（a）を用いて、彼らの結果に基づいて関東地震の震源断層の概要を説明すると以下のようになる。南関東地域の沖合では相模トラフという海溝があり、そこから年間約四センチメートルのスピードで、フィリピン海プレートと呼ばれる海底の岩盤が関東地方を乗せた岩盤（北米プレート）の下へもぐり込んでいる。図の点線はもぐり込むフィリピン海プレートの上面の等深線である。後で揺れの様子について話をすることになる小田原や鎌倉、藤沢の下ではその深さは二〇キロメートルより浅いが、東京の下では四〇キロメートルにも達している。フィリピン海プレートはいつもスムーズにもぐり込んでいるのではなく、北米プレートとの境界でつっかかりながらもぐり込んでいる。このため時々何メートルも一度に動いて地震となる。図の楕円の領域の下のプレートの境界面が関東地震の断層面である。**第一章の表3**の断層面の大きさや断層の平均食い違い量は金森によって推定されたものである。一般に地震の断層が食い違うときは、同時に断層面全体が食い違うわけではなく、断層面上のどこか一点ですべりが始まり、順次すべる領域を拡大していく。関東地震では楕円の領域のほぼ西の端にあたる小田原の直下付近からすべり始め、すべりは領域を拡大しながら次第に東へと広がっていった。広がる速度（破壊伝播速度）は毎秒約三キロメートルと、超音速ジェット機より遥かに速い速度であるが、それでも長さ一三〇キロメートルにもおよぶ巨大な領域をすべて食い違わせるためには四〇秒以上もかかる計算になる。

これが、今から三〇年前に推定された関東地震の震源モデルである。その後、地震学の進歩により、震源断層は断層面のどこでも同じようにすべるのではなく、すべりの大きな領域が島状に分布し、それら一つ一つを要素地震（イベント）と見れば、あたかも複数の要素地震が寄り集まって一つの大地震を形成し、要素地震の時間的空間的な分布によって複雑で強い揺れがもたらされることがわかってきた。関東地震でも約一〇年前から、このような震源断層の不均質構造の研究が始められた。そのとっかかりの一つは揺れに関する体験談であった。

藤沢小学校

藤沢は鎌倉ととなり合う神奈川県中部の町で、関東地震の断層面のほぼ中央部直上に位置する。

ここにある藤沢小学校は明治五（一八七二）年の学制によりその前身が生まれ、明治三四（一九〇一）年に現在の校地に新築移転され現在に至っている。関東地震当日は、始業式の日でもあり、土曜日でもあったため、生徒は一人も学校にいなかったが、教師約三〇名が学校で地震に遭遇した。当時六年制の尋常科とさらにその上に二年制の高等科があった。教師の体験談は、学校の復興の様子などと共に震災後一周年を記念して作成された『藤沢震災誌』に掲載されている。

図10に、当時の藤沢小学校の見取図を示す。当時の校舎はすべて木造平屋建てである。関東地震でからくも全潰を免れたのは裁縫室のみで、ほかはすべて一瞬にして全潰した。地震の揺れが始まった際に職員がいた場所は斜線で示すところである。地震時の職員の行動は大きく三つに分類される。一つは揺れの最中に表運動場に飛び出せた人、二つ目は同じく中庭に飛び出せた人、三つ目は校舎の中に閉じ込められ倒壊した校舎の下敷きになった人である。幸い飛び出せた人たちの迅速な救出活動により死者は一人も出なかった。

紙面の都合上、すべての体験談を掲載できないが、**表6**（a）に、機械室（理科準備室）にいた三人の教師の体験談を要約して示す。柏木、篠田は校舎の下敷きになったグループ、高橋は中庭に飛び出せたグループに属す。これら三人を含む一三人の教師の体験談をもとに、本震の揺れが始まってからの様子を大きく五段階に分けることができる。

① 初期震動はじまり
② 強烈地震動襲来
③ 校舎倒壊
④ 本震震動終了

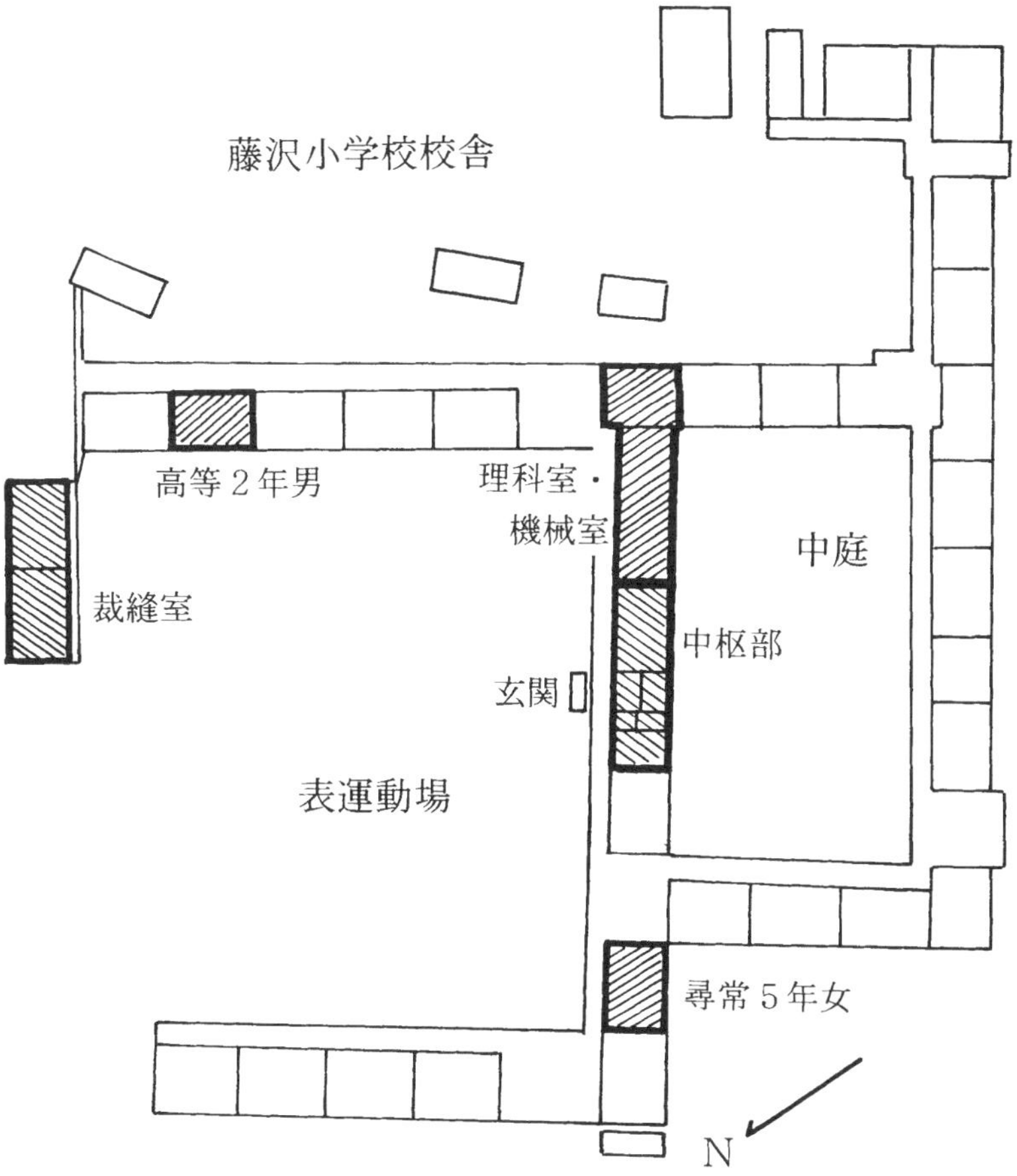

図10　地震当時の藤沢小学校の校舎の配置図

表6(a)　藤沢小学校での体験談の例

氏名 遭遇場所等	①初期震動はじまり ②強烈地震動襲来	③校舎倒壊 ④本震震動終了	本震終了後 ⑤直後余震
柏木勝 理科室・機械室	①篠田と椅子の下に頭を突っ込む ●何時の間にか反対の方を向く ②途端激しい**上下動**と共に戸棚が倒れて来た	③"駄目だ"と言い終るか終らないうちにあたりは暗黒 ●"倒れたな"と暫くして思う ●屋根をむしってもらったので出ようとしたが両足が梁の下敷	⑤引き続いて起こる余震で右足の痛さは増すばかり、"痛い痛い出してくれ出してくれ" ●高橋、桂島に助けられ中庭へ ●小使に足を洗ってもらって仮包帯
篠田隆 理科室・機械室	①柏木と椅子の下にもぐり込む ②左右動は**上下動**と変わり勢い益々猛烈 ●戸棚倒れガラス飛び剥製躍りでる ●薬品ジュージュー悪臭	③百雷の一時に轟くような音響一面暗黒 ●小野口、野口、柏木の救助を求める声	⑤柏木の"痛いよ痛いよ"のうめき声、余震は追っかけやってくる ●出路探しもがく、一隅より光線 ●漸くのことで中庭に這い出る ●小野口、野口も出てくる
高橋高治郎 理科室・機械室	①さしたることもないと様子見 ②猛烈な**上下動**も加わって来た ●これは勝手が違うぞ ●渡辺は窓外へ、つられて僕は右、桂島は左の窓から中庭へ ●更に激震加わる ●転びながら黄楊の根本へ逃れる	③息着く間もあらばこそ大音響、濛々と揚がった土埃 ④少時してやや静まった ●目を開けると土埃の中より校舎の倒壊の様子が見えた ●柏木を梁下より救出 ●助けての声(小野口か)に機械室に近づく	●3人(渡辺、桂島、高橋)協力し瓦をはねのけた ●篠田、野口、小野口と出てくる ●声をたよりに中に入り桂島と協力

表6(b)　小田原での体験談の例

氏名(場所)	体験内容
石井富之助(小田原荻窪)	強烈に**上下動**が3～4回、茶碗や湯呑みが一尺二寸も上がり、後は砂煙になる、家屋倒壊
小沢(小田原)	突然凄い音とともに**上下**に揺れ始め、母は柱につかまったまま、私は出たが転がされた
神谷信雄(小田原下府中)	地震と同時に壁が倒れ始め、土間が50～70cm地割れ、70～80cm噴水、外へ飛出すが立てず
相沢栄一(小田原)	地震と気付いた瞬間とても立って居られない、家は傾き床が落ち這って表へ出た

⑤直後の余震

すべての体験談に五段階に対応する記述があるわけではないが、対応すると思われる記述は表中に番号を付して示した。まず、柏木と高橋の体験談に注目すると、②の強烈な地震動に至るまでに多少時間をかけた緩い揺れがあったことがわかる。また、②の強烈な揺れになった時に柏木、篠田、高橋の三人とも強い上下動が襲ってきたと述べている。このような特徴は、藤沢だけでなく三浦半島周辺での体験談に共通したものである。

さらにその次の段階では、③で校舎が倒壊する。校舎倒壊も三人全員の体験談で確認できる。その後、震動は静まり、やがて、④本震震動終了に至る。その過程で、同じく機械室で校舎の下敷きとなった小野口らの助けを求める声が篠田や高橋の記述に共通して表れる。さらに、⑤本震直後の余震やその際に梁の下敷きで痛がる柏木の声を篠田が聞いていることなど、時間の流れに関する体験談相互の関係を知るうえで有益な情報も認められる。

震源の素顔

比較のために断層面の西端直上に位置する小田原付近での体験談の要約例を**表6**の（b）に示す。これらの体験談では、藤沢のように、しばらく揺れが続いてから校舎を倒壊させるような上下動を伴う強い揺れが来るのではなく、最初から突然上下動を伴って強い揺れが襲ってきた様子がよくわかる。その様子は、兵庫県南部地震の際の神戸の体験談とよく似ており、大半はそれだけで終わっているが、中にはその後の揺れの様子が記されているものもある。それらによれば一〇秒から二〇秒位の間やや弱まった揺れは、再び水平動に富む大きな揺れとなって襲ってきたということである。

以上二つの体験談を同時に解釈しようとすれば、小田原の直下（第一イベント）と藤沢に近い三浦半島の直下（第二イベント）の二カ所にすべりの大きな場所を考え、それらがほぼ一〇秒余りの時間差ですべったと考える。つまり関東地震を双子地震であると考えると都合が良い。

まず、第一イベントに近い小田原では、すべりが始まった途端に第一イベントの影響で上下水平入り交じった強い震動が伝わってきたものと解釈できる。一方藤沢では、やや離れた第一イベントから伝わって来た震動を感じているうちに、藤沢に近い第二イベントがすべり、校舎を全潰させるほどの震動になったと解釈できる。揺れの途中から来る上下動を伴う強い揺れは第二イベントの影響と考えられる。一方、小田原では第二イベントの影響は、最初の強い揺れに襲われてからかなりの時間が経って感じられるはずで、**表6**（b）には示さなかったが、小田原での体験談の一部にはそのことを物語るものも確認できる。

もちろん、体験談だけから震源断層の詳細を論ずることは困難であり、先に紹介した国内の記録の解析や、海外の記録や測量結果の再解析によって、より詳細な断層のモデル化が進んでいる。**図11**はその一つで、国内における簡単微動計によるP波の記録例である。**図5**からわかるように、函館と八木は震央距離や方位が全く異なるが、波形の特徴に共通した点が認められる。それは、P波初動後比較的小さな振幅が継続し、その後振幅が急に大きくなること、さらに少し経って振幅がやや小さくなるが再度大きくなることである。一度目と二度目に振幅が大きくなり始める位置を①②として示している。北海道の函館と奈良県の八木では震央距離がかなり異なり、震動の始まり（P波初動）を基準に見るとS波の到達時刻は函館では八木に比べかなり遅い。これに対し、①②の位相の位置はP波初動からそれほど大きく変わらない。その他の地点のP波波形にも同様の特徴が見られることから、それぞれの位相の時間差から断層すべりの時間的な推移が以下のように推定できる。小田原の北、松田付近で始まった小さなすべりは、三～五秒後に小田原付近で第一の大きなすべり（第一イベント）に拡大し、その後約一〇～一五秒後に三浦半島付近で第二の大きなすべり（第二イベント）を発生させた。イベント間の距離は約四〇キロメートルである。**図12**は、それらのことを**第一章**の**図3**（a）に追加してまとめたものである。さらに、最近では第一イベントと第二イベントに対応するすべりは最大一〇メートル近くもあり、**第一章**の**表3**に示した平均食い違い量よりは

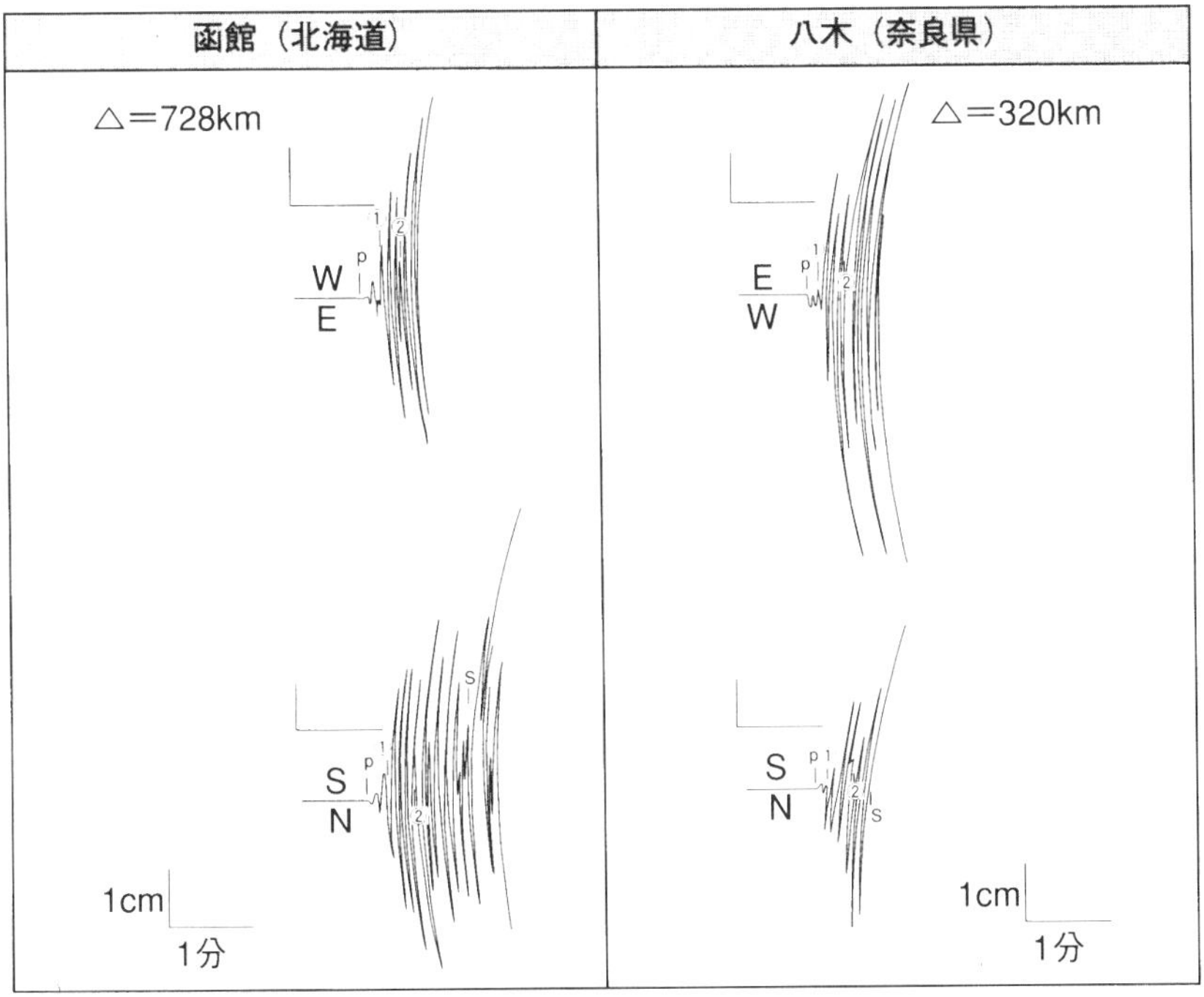

図11　地震計により記録されたP波波形の例

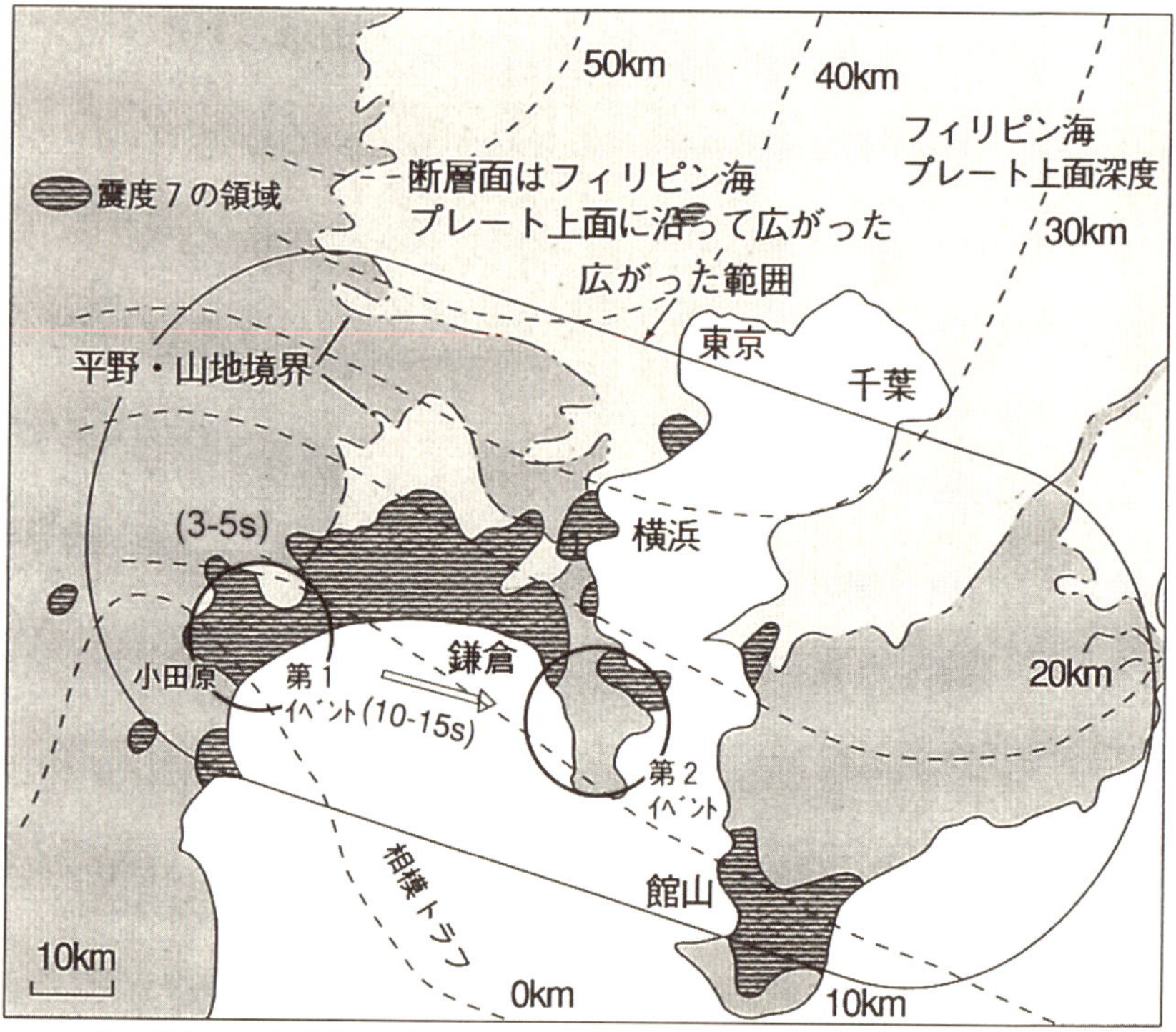

図12　関東地震の震源断層の破壊過程と震度7の分布

るかに大きいこともわかってきた。このように、関東地震の震源の素顔が発生後八〇年を経て次第に明らかになりつつある。

第三章　体験談が語る各地の揺れ

体験談こぼれ話

河井清方

一口に体験談といっても、直接口述されたもの、日記として書かれたもの、震災誌に記されたもの、郷土史に引用されたものなど、様々な形で残されている。関東地震の際に各地の揺れがどのようであったかを知りたいがために、静岡、山梨、神奈川、東京、埼玉、千葉の一都五県で、六〇〇件以上の体験談を集めた。その中でも静岡県富士郡大宮町（現在の富士宮市）の河井清方の日記は、その内容の緻密さからみて出色である。河井清方は富士浅間神社の主典《さかん》を務めた後、関東地震当時、菓子屋を営む大宮町東町の現河井広宅に居た。大変筆まめな人で、日頃から正確で几帳面な内容を持つ日記を書き続けていた。こうした日記の第一七輯に「大地震の記」があり、大正一二年九月一日から一二月三一日まで地震にかかわることが記録されている。関東地震の際の大宮町の震度は五と六の境目くらいで、深刻な被害を受けた地域ではないが、地震後住民が大きな不安をもって暮らしていた様子が、毎日の余震の記録の合間によく著されている。

特に大きな余震の揺れを感じた日を中心に、**表7**に日記の一部をまとめてみた。河井は、余震の揺れを感じるたびに、いつ頃どの程度の強さの揺れがあったかを丹念に記している。最近気象庁の浜田信生は、関東地震の余震の震源位置とマグニチュードの決め直しを行っている。河井の記録はその結果と驚くほど対応している。また一方で、房総半島方面の余震はM七クラスのものであってもあまり強く感じなかったとみえて、全く記録されていない。大宮町からの距離が遠いことのほかに、震動が伝わる経路に当たる相模湾の地下構造の影響とも考えられ興味深い。表では余震ごとの揺れに関する記述の後に浜田によって決められた余震のうち、対応すると思われるものを《 》で示している。浜田の結果が官製の余震リストなら、河井の日記は民間を代表する余震記録であると言える。

余震と流言

表7をもう少し詳しく見ていくと、九月三日までの三日間は、連続的に余震による揺れが続き、さすがの河井も余震ごとに揺れの様子を記述できなかったようで、震動数十回、震動連続、震動十数回などの記述が見える。そんな中でも、後で説明する本震直後の二回の強い揺れと九月二日の午後九時前後の揺れについては他と区別して記録されている。住民は、地震のために何が起こっているのか、これからどのようになっていくのか等、正確な情報を得るすべもなく、地元の民友新聞や

静岡新報などが伝える「東京全滅」「横浜跡方なし」などの漠とした記事や、針小棒大の流言飛語によっていっそう不安をかき立てられ、二日には様々な団体が過度な非常警戒体制をとり、三日や四日になると、歴史上大きな不祥事へとつながる朝鮮人や共産主義者の暴動の風説が出回っていく様子もよくわかる。

地震後一週間が経過する頃には、余震活動もやや下火となり、もとの仕事に復する人が増えてくるが、それもつかの間、八日の午後六時頃に起こった余震による強い揺れは、再び流言飛語を増幅させる結果となり、翌日はそれらに惑わされて終日消光（日を暮らすこと）していたと記されている。その後も大きな揺れをもたらす余震が起ったり、他の地域で有感地震があったという情報が入ったりすると、すぐに大地震の到来を予言する流言が飛び交ったこともよくわかる（九月一九日、一〇月二日、一一月二三日）。このように、引き続く余震による強い揺れは、大宮町のように大きな被害を被らなかった地域の人達をも不安に陥れること、関東地震のような大地震ではそれらが何カ月もの間続くことを、河井の日記は教えてくれている。「大地震の記」の最終日一二月三一日に河井は、余震は大正一三年も何回か続発するだろうと述べているが、予想どおり、年明けの一月一五日には、神奈川県西部で*M*七・三の丹沢の余震が発生し、神奈川県を中心に死者一九名を出し、大宮町も震度五に達する揺れに襲われた。

新聞

ラジオの公共放送がまだない関東地震発生時、国民にとって情報を得る唯一の手段は新聞であった。その新聞も東京市内においては、東京日日新聞、報知新聞、都新聞など、一部を除き社屋を失

表7(a)　河井清方による日記(大正12年9月1日-8日)の要約

日付	河井清方による本震・余震の揺れに関する記述《浜田による対応する余震》	主な周辺状況
9月1日	*自分が喫飯せんとせる刹那に家屋動揺し始む。例よりは少し強しと思う程にて最初に予が飛び出し辛ふして栗の樹につかまりしとき……(本震の震動止む)。久子(孫)の居らさるに気付き逸太郎(息子)は捜索に出掛け連れ来るや否や第二の動揺より相率いて別室の裏に到りし頃第三次の強震あり。附近の建物左右に動揺し殆と顛倒せし形成なりき。《11時58分本震(M=7.9)、12時1分頃第二震(M=7.2)、12時3分頃第三震(M=7.3)*第二震、第三震の詳細は本文参照》 *震動数十回《静岡県東部や近隣地域で発生したM5以上の余震だけでも19個を数える》	(1)夜電燈十分ならず蝋燭を用意 (2)消防隊市内を巡羅 (3)窃盗横行につき注意の言い継ぎ (4)日本絹糸多数の死者ありとの風評 (5)種々針小棒大の流言放つもの多数
9月2日	*夜来大小の震動連続《同M5以上の余震は5回で1日に比べ数は減るが依然余震活動は活発》 *午後九時前後の地震はかなり強烈、今夕は野宿を止めようとしたがこの地震のため前日同様とする《22時9分伊豆半島中部(M=6.5)》	(1)人々職に就くことなく大半は露営 (2)民友新聞の号外:東京全滅、横浜跡方なし小田原大海嘯等(東京の新聞は至らず) (3)京浜の親類知人の安否心配 (4)公私の団体恟々として非常警戒 (5)富士紡全潰数百人死亡 (6)御殿場、三島、沼津の火災等情報伝わる (7)当家、並びに近所の被害比較的少 (8)大宮小学校は五日まで休校の通知 (9)新聞は静岡各社配達あり
9月3日	*前夜来震動十数回、時には飛び出さんかとするもの数回あり《同M5以上の余震は4回、M5以下の余震は多数あり依然余震活動は活発》	(1)家に起臥する者無く職を執る者少し (2)菓子類の売れ行き平日と大差なし (3)号外、静岡新報の情報で益々親類知人の安否心配 (4)不逞鮮人共産主義者の暴挙の風説流説蜚語大いに衆人を惑わす (5)鉄道沼津以東不通 (6)飛行機数回往復はじめる (7)富士山大崩壊山容異変の風説
9月4日	*午前五時頃と午後二時前後に強震あり、その間軽震数十回あり《強震に対応するような地震は見当たらないが依然余震活動は活発》	(1)囚人鮮人今にも来襲せん風説頻々 (2)午後10-12時に大震との飛語 (3)人々不安に消光屋内に入れず (4)東京各紙の替りに大阪毎日配布 (5)東京横浜戒厳令許可無く入れず (6)鉄道御殿場以東依然不通 (7)親族知人間文書の往復開始
9月5-7日	*5日:朝より数回の微震、6日:微震数回あれども驚起する人なかりき、7日:朝より軽震五六回あり《同M5以上の余震は無く、余震活動は小康状態》	(1)常業に復すべく準備開始、定業に復す者少なからず (2)所用で吉原へ午後3時帰宅 (3)露宿する者残少いが、尚縁端に戸を明け放して仮寝する (4)親族の安否を求め上京する者あり。電話や人の往来で、親族知人の安否一部確認ができるようになる
9月8日	*午後六時十五分頃一日以後最強なる地震あり。餐に付いていた家人は屋外に飛び出す《18時8分山梨県東部(M=5.8)》 *午後八時頃前者より軽いがやや強きものあり、二十分時過ぎて又微動あり《20時45分神奈川県(M=4.5)》	(1)再野宿の用意をする (2)大概は戸を明け放し睡眠 (3)不逞鮮人襲来等蜚語流説湧出し非常警戒頗る物々し (4)富士山噴火、甲州大地震甲府全滅、鰍沢陥没等流言 (5)9月9日:浮説に惑わされ終日通宵消光

表7(b)　河井清方による日記(大正12年9月9日-12月31日)の要約

日付	河井清方による本震・余震の揺れに関する記述《浜田による対応する余震》	主な周辺状況
9月9-13日	＊9日:朝一二回軽震、10日:軽震数回、11日:十二時前後に微震一回、12日:前夜十一、二時頃より午後六時頃の間に小震数回、13日:前夜微震数回、日中は殆ど感知せず《M4-5の余震、平均日に5、6個》	(1)親族知人の無事の報入る。肉親の家族の無事皆判明 (2)東京への郵便は役場に依頼 (3)汽車から多くの避難者あり
9月14日	＊深夜やや強き地震あり。折箱屋の若夫婦は屋外に飛び出し、逸も雨戸を開け警戒、近所大略目覚める、この前後にも微震あり《13日21時57分山梨県東部(M=4.0)または14日1時15分(M=4.1)が対応》	(1)富士郡菓子組合員による見舞金の醵出に協力
9月15日	＊午前三時頃、前夜より以上の強震あり。驚き跳び起きて久子は朝まで眠れず《2時41分山梨県東部(M=5.3)》	(1)浅間神社の主典富士視察頂上異常なしとのこと
9月19日	＊微震数回、深更のもの稍大なり《4時43分東京湾(M=3.7)》	(1)今夕6-12時に強度の地震との風説 (2)読売新聞配達あり (3)清水東京間、軍艦から定期船へ
9月21日	＊一日の激震以来日夜多少震動ありしが、今日初めて動揺を感ぜず《大宮に影響しそうな地震なし》	
9月24日	＊午後十一時過暴風雨の最中軽震一回《25日0時17分富士山付近(M=4.5)》	
9月29日	＊十二時前後に強震あり。家人騒ぎ、おとよ、久子、つや子等表へ飛び出す《12時0分山梨県東部(M=5.3)、この日大阪(M=5.0)、台湾(M=5.8)で地震有り、30日には伊豆でM=5.1の地震有り》	(1)大工を頼み家屋のひずみを直す
10月2日	＊微震2回午前十時半と十一時半、昨今台湾大阪大島等に稍強震、人々恟々《10時25分神奈川県(M=4.9)、11時5分東京湾(M=4.4)》	(1)11、2時頃地震があるという説があったが、家内一同感知せず
10月4日	＊深夜十時二十分頃と十一時過ぎに震動二回あり。中には戸外へ飛び出したるものあり《対応する余震不明》 ＊午後十時過ぎに稍強い水平動、家中飛び出す。その前後にも1、2回微震　《21時51分山梨県中部(M=3.9)》	(1)大地震以来止まっていた芸者の音が再開、無遠慮にも思われる
10月5日	＊午後十時過ぎ強き震動あり。清方は熟睡して知らず、おきやう、きみ子、つや子戸外へ、近所の誰彼皆表へ《22時5分山梨県東部(M=6.1)》	
10月23日	＊未明のは地鳴りあり稍強し《4時45分山梨県東部(M=5.1)》	
11月5日	＊午前六時やや長き水平動あり《5時5分東京湾(M=6.3)》	(1)新聞紙上では震源は甲駿の境、感じた時間は5分内外
11月23日	＊午前十一時四十分稍強く稍長く最近に稀なる地震あり、人々驚き多くは戸外に飛び出す　《11時33分神奈川県(M=6.3)》	(1)24日の正午頃大地震があるという流言が一府数県に広がる
12月31日	＊去二十三日以来時々微震あり、就中二十五日の地震は稍強く長い、三十日からは極めて微弱だが稍長い震動、三十一日は3、4回、人々稍不安を感ず(可能性のあるもの2つ)　《31日14時51分新島近海(M=5.4)、17時47分静岡県東部(M=4.0)》	(1)要するに9月1日の余震は来13年に至るも尚何回か続発するならんか(最後の筆者の感想)

い、残る各社も活字の散乱や停電などで、新聞発行は困難を極めた。しかしながら、各社の社会的使命感は非常に強く、いち早く仮事務所を設け、号外の印刷は、九月一日の夕刻までにはすでに始まっていた。なかにはテント張りで急ごしらえの印刷所を設けたり、停車している市電の中に印刷機を持ち込んでの作業もあったと伝えられている。

しかしながら、東京市内に送電が始まるのが五日、通常の新聞刊行が始まるのは六日である。その間、闇夜の中で、朝鮮人や共産主義者の暴動、激震の再来、津波の来襲など、各種の流言飛語が飛び交った。一方、地方紙は、東京支局員が決死の覚悟で東京を脱出し、東京の有様を記事にしたり、東京へ記者を送り込んで情報収集を図ったが、中には旅行者や避難者の言うがままを紙上に載せる場合も見受けられた。

大宮町の河井清方は、大変な教養人で、常々、新聞も地元紙だけでなく東京の各紙にも目を通していた。九月二日に地元紙の民友新聞の号外の内容を記し（**表7**参照）、その後、数回の号外が出るごとに、惨害の大きさで心胆寒くなる思いがすると述べている。しかし一方では、これらの号外の情報も直通の電報や電話ではなく、方々の無線交信の情報から感じたところを報じているだけだと信憑性の低さも指摘しており、冷静さは欠いていない。

九月三日も、数回の号外と静岡新報だけを受け取り、東京横浜方面の惨害が一報ごとにその数を増し親族知人の安否がますます心配だと述べている。また九月四日には、東京日日新聞と報知新聞は社屋は残ったが新聞発刊には至らず、東京各紙の購読者に対し、大宮町の新聞店が大阪毎日新聞を配達し、それによって得た震災地の写真は正視できないものが多いと述べている。地震直後は、大阪の新聞を通じて東京横浜の情報を得ていたことがよく分かる。その後も新聞は地元紙と大阪毎日が配達され、九月一八日になって、ようやく東京日日新聞が、九月一九日に読売新聞の配達があったと述べている。九月一九日の読売新聞に関しては、早急に発刊できた機敏さに驚かざるを得ないとし、植字の体裁などから紙面づくりの苦心が見えると感心している。さらに九月二六日には時事新報の二四日分が配達されたとあり、二八日には月極で購読している科学画報の九月号が到着したと述べている。科学画報については、大震当日東京を発して以来今日までどのような経過をたどったか、雑誌に霊があれば聞いてみたいと感慨深げに述べている。

時計の精度

関東地震に関する体験談を読むと、揺れ始めの時刻が一一時五八分と書いてあるものが圧倒的に多い。しかしこれはたぶん、地震後かなり後になって気象庁や大学が求めた地震の発生時刻を何かで知って、それをそのまま書き写したものと思われる。なぜなら、発生時刻は正確には一一時五八分三二秒で、例えば東京で、実際に揺れ始めたのはそれから一〇秒余りあと、大きく揺れ出したのは、さらにそれから一〇秒以上あとである。仮に揺れの時刻を自分で正確に測っていた人がいたとしたら一一時五九分と書くか、丸めて一二時と書く方が自然だと思われる。

このような推測を裏付けるように、揺れ始めの時刻として一一時五八分以外の時刻を記載したものは、発生直後に書かれた個人の日記や、役所、学校などの日誌に多いように思われる。日記や個人の記録の例をあげると、山梨県富士見村の原正実は一一時五〇分［富士見村誌（昭和三二年）］、神奈川県小田原市の内田春蔵も一一時五〇分［歴史と文化第七号（平成六年）］、同 片岡永左右衛門は一一時四五分［小田原市史（平成五年）］、秦野市の石井守氏蔵の大正拾弐年大地震記には午後零時五分［秦野市史（昭和六一年）］、静岡県下田市の澤登庄作は一一時四五分［目でみる下田市の歴史（昭和五五年）］、埼玉県和光市の地福寺住職の鎌田亮中は一一時四〇分［地福寺日並記、和光市史編纂室（昭和六〇年）］などである。また、役所や学校の例をあげると、横浜地方裁判所の山崎勝喜は一一時五六分［横浜地裁震災略記（昭和一〇年）］、鎌倉町役場は一一時五二分［鎌倉震災誌（昭和五年）］、静岡県富士市の吉永村文書が一一時五〇分［富士市消防史（昭和六一年）］、埼玉県八潮市の潮止月報第二十四号震災日誌は一一時五五分［八潮市史（昭和六一年）］、千葉県勝浦市の勝浦小学校の日誌は午後零時五分［続私説勝浦史（昭和四七年）］などである。かっこ内には出典として収録されている文献およびその発行年が書かれているが、原本はいずれも地震発生直後に書かれたものである。このように、人により場所によって一五〜二〇分程度の違いがある。この原因の一つは、使われていた時計の精度が悪かったためではないかと思われる。神奈川県の綾瀬村の村長小柳勝一は、役場で昼食を終わり自席で談話を始めた時に震動を感じ始めたと自らが地震直後に書いた震災記録で述べている［綾瀬市史（平成七年）］。これもたぶん、昼休み前から昼食をとっていたのではなく、綾瀬村の時計が、地震発生時にすでに午後零時を回っていたのではないかと思われる。

午砲ドン

当時の時計の精度について考えるようになったのは、岐阜測候所で今村式強震計の記録に記された刻時の精度を検討して以来である。地震の記録にとって刻時の精度は非常に重要である。なぜなら、P波やS波の到達時刻を、複数の観測所で正確に読み取って、それらをもとに震源の位置を計算する必要があるからである。もし仮に観測所の時計が数秒もずれていれば、震源の位置の割り出しには到底使えない。通常、地震観測所では東京天文台から出される標準時刻を無線で受信し、日に一度地震計に取り付けてある時計との時刻の差を測り、観測される地震波の到達時刻を正しい時刻に補正することが行われていた。岐阜測候所でも関東地震の直前の大正一二年六月に標準時刻を受信する設備が整備されている。そこで気になるのが、地震計で使っている時計の精度である。調査の結果、関東地震の揺れを記録した今村式強震計の場合、一三時間で二分程度遅れていることがわかった。つまり一日で約四分も時刻がずれてしまうのである。刻時の精度を要求される測候所でこのとおりである。一般の役所や学校、会社、さらには家庭にある時計の精度は推して知るべしであろう。しかし、一般ではどのようにして、正確な時刻に時計を合わせていたのだろうか。我々がすぐに思いつくのはラジオの時報であるが、ラジオの放送開始は大正一四（一九二五）年まで待たなければならない。郵便局など一部の施設には有線によって標準時が伝えられていたようであるが、一般国民には、午砲、いわゆるドンによって、一日に一度正確な時刻が知らされていたのみではなかったかと思われる。

青木信仰著『時と暦』［東京大学出版会（昭和五七年）］によれば、午砲は毎日正午に大砲を一発ドンと発射して、その音で正確な時を知らせたもので、東京では、明治四（一八七一）年以来旧本丸で実施され、明治一二（一八七九）年以後は全国的に広がってゆく。**図13**の大砲は、長崎市のまさにドンノ山にある大砲で、説明板によれば、明治三六（一九〇三）年からこの地で午砲が始まり、写真の大砲は大正一一（一九二二）年から昭和一六（一九四一）年まで使用されたということである。

大曲駒村は『東京灰燼記』［東北印刷出版部（大正一二年）］の中で、大震の最中にドンを聞いたといい、それが三度目に強い揺れがきた時だとしている。後で述べるように、東京で本震から数えて三度目の強い揺れは一二時三分位にあり、もし大曲駒村の聞いたのがドンであるとすれば、大揺れのなか、や

図13　午砲に使われていた大砲［長崎ドンノ山にて撮影］

や遅れてドンが発射されたことになる。それにしてもあの大地震の最中によくドンを射ったものである。職務に対する責任感は誠に見上げたものと言わざるを得ない。ちなみに、通常ドンの精度は悪くても三〇秒以内、普通は一〇秒以内であったというデータもある。

過密都市と長屋

体験談の林に入り込み、話が本題から大分ずれてきたが、もう少しずれて当時の東京の様子についても触れておきたい。東京は関東地震当時、東京都ではなく東京府東京市で、一五の区よりなっていた。東京の一五区は明治一一(一八七八)年に誕生し、明治三一(一八九八)年から一五区を管掌する東京市が東京府のもとに置かれた。一五区は出来た当初より関東地震が発生した大正一二(一九二三)年まで名前はもとより地域もそれほど変わっていないが、現在都庁のある新宿は、関東地震の直前の大正九(一九二〇)年に豊多摩郡から四谷区に編入されている。東京では明治二一(一八八八)年より市区改正事業が行われ、路面電車を敷設するために都心部の道路の拡幅が行われ、上下水道の整備ならびに日比谷公園の新設が行われたが、市街の大きさは江戸とそれほど大きく変わっていなかった。一方、明治以後の日本の近代化、工業化は、東京に多くの人口を集め、関東地震発生の頃には、ラッシュアワーのとき、人が鈴なりになった電車も珍しくない情景であったようだ。

このような人口の増加の結果、スラム街も出現し、関東地震の調査報告書にも、「貧民窟」と呼ばれる場所がしばしば出てくるし、増加する住宅需要を満たすため集合住宅がますます増える結果となった。集合住宅といっても、関東地震当時のものは、今のアパートやマンションと異なり、いわゆる長屋で、二世帯から数世帯が一緒の棟に住む形式のものである。大正一一年の東京市の調査では一戸建住宅に住む世帯は全体の五〇％以下で、他は長屋に住んでいた。**図14**は当時の東京市一五区を示し、現在の二三区と比べている。面積は八分の一程度であるが、その割に人口は約二二〇万もあり、結局、人口密度は現在の二倍以上となっていた。

図15の（a）は、住宅棟数とそこに住む世帯数の関係を区ごとに示したものである。縦軸は大正九年の第一回国勢調査による世帯数、横軸は大正一一年末に東京市によってまとめられた木造住宅棟数である。予想どおり、点線で示す世帯数（y）＝住宅棟数（x）の関係より上にデータがあり、平均すると実線のように一棟に一・五世帯が住む勘定になる。**図15**の（c）は、関東地震の際に東京で焼失した地域の世帯数と住宅棟数の関係である。先の図と同じように、ほぼ実線の関係を満足している。

これに対し、**図15**（b）は、焼失せずに焼け残った地域（非焼失地域）で、揺れで全潰した住宅に住む世帯数と全潰した住宅の棟数を示したものである。この場合、住宅棟数に対し世帯数が多い傾向は同じであるが、世帯数が実線よりさらに多くなることがわかる。

この関係を説明しようとすれば、集合住宅の全潰率が一戸建てに比べて高い、つまり平均して長屋の耐震性が一戸建てに比べて低いと考えなければならない。一般に、一戸建てに比べ低所得者層が賃貸で住むケースが多い長屋は、耐震性において劣り、地震の揺れは、それらの人々によりきびしかったことになる。一方、火災は、出火した地域で、建物の種類に関係なく焼き尽くすため、そこに住む人々に平等に被害を与えたということだろうか。

地震後、余震の揺れが相次ぐなか、狭い所で肩を寄せ合って暮らしていた人が、家を失い、不安に駆られ、なけなしの家財道具を大八車に載せて右往左往した。彼らは正確な時刻すら知るすべも

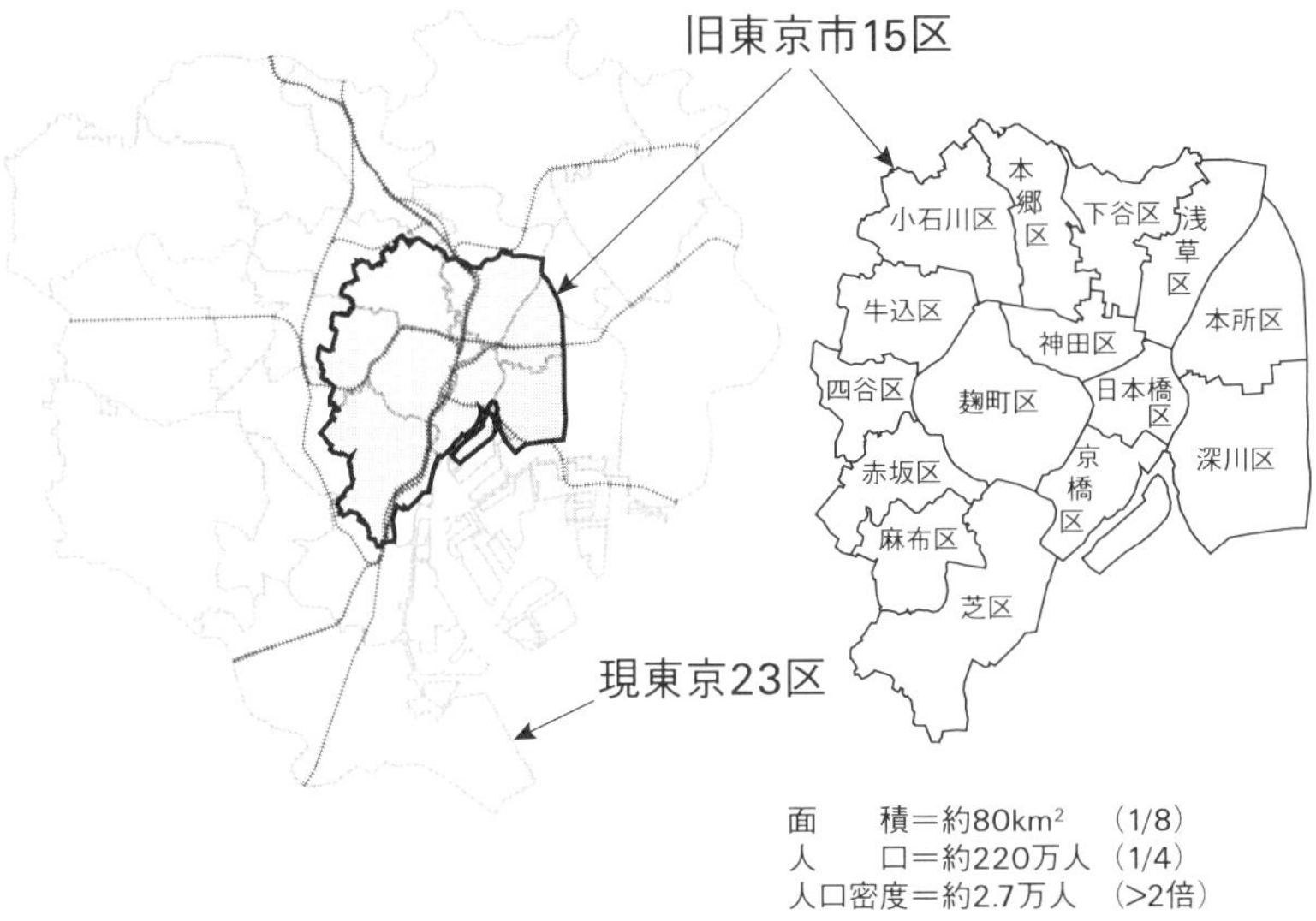

図14　旧東京市15区の位置、面積、人口と現23区との比較

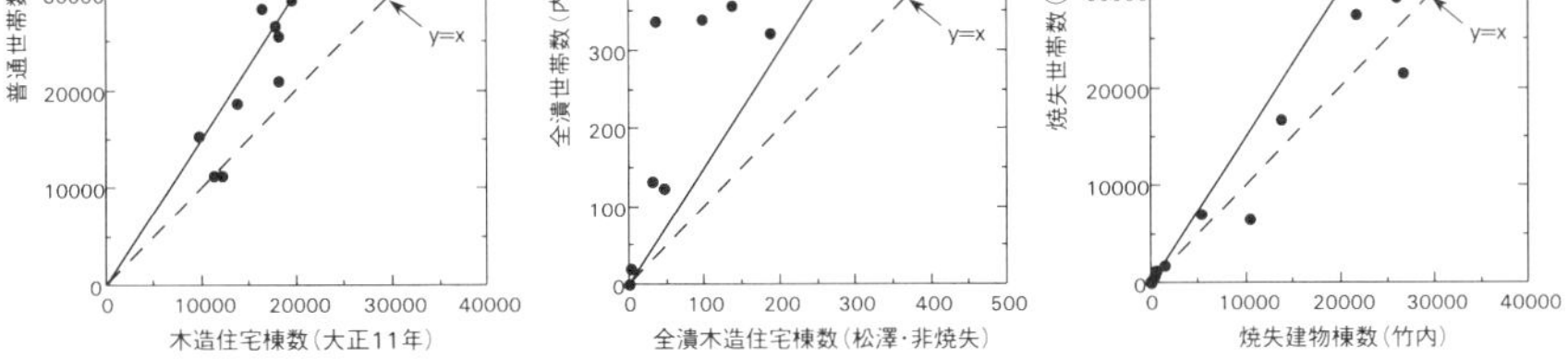

図15　住家棟数と世帯数

なく、被害の状況や余震の見通し、さらには行政の救援などの情報は、数少ない新聞や官報の号外で知る以外方法はなく、平常なら信じない流言飛語も信じてしまう。そんな状況のなかで惨事が拡大していったのである。

建物が耐震化され、生活レベルも向上し、情報伝達手段も行き届いている現在、同じような地震が起こっても同じような結果になるとは思えない。関東地震の際の被害の大きさに、いたずらにおびえるだけではなく、冷静な分析が必要である。その際に最も基本となるのが、どこでどれだけ強く揺れたかという資料である。

たて続けに三回揺れた東京

一回でなく三回？

「大正十二年の関東地震の時の大揺れは、この三回までであったと思う。だが三回のうちでも第一回目が一番猛烈で、上下、左右の動きが迅速だった。二回目は一回目より少し弱く、第三回目は二回目より大分弱かったと思う。だがその後、たびたび東京で私は地震に遭ったが、このときの三回目ほどのものはついぞ出遭わない。」

これは、東京の京橋で地震に遭遇した秋山清が昭和五二（一九七七）年に出版した自伝『わが大正』（第三文明社）に出てくる一節である。

「昨年の九月一日の地震とはむろん比較にはならぬ。あの時は連続的に強いのが三回ばかり襲うて来た。」

これは、関東地震の翌年の一月一五日に丹沢山地で発生した余震の際に、大阪朝日新聞に掲載された中央気象台地震掛の中村左衛門太郎のコメントの一部である。

いずれの記述も、関東地震の際に、強い揺れが三回来たことを示している。なぜだろうか。このほかにも**表8**に示すように多くの体験談で三回揺れたと述べられている。しかも北園孝吉が、最初の震動は数十秒ぐらい続き、そのあと震動がとにかく止まったと述べるなど、それぞれの揺れの間には、それなりに震動が止まった時間があったと考えられる。先に、関東地震の本震が双子地震だったらしいと述べたが、双子地震でも震動の強弱こそあれ、断層すべりが続いている限り、揺れは連続し一つの地震として感じるはずである。したがって、後の二回は本震の揺れではないと判断される。

本震にも勝る二回目

表8をさらによく見ると、多くが、二度目の揺れでは立っていられなかったといっている。哲学者の和辻哲郎も「女達は」とことわっているが立っていられないほどの震動であったと述べている一人である。さらに坂井佐昌や河野伊三郎は、その強さが一度目より強かったと述べているのである。二度目の揺れについては、さらに多くの人の証言がある。

東京帝国大学の地震学教室にいた今村明恒もその一人で、本震から続く余震のうち「かなり強い

表8(a)　本震時に3回強く揺れたとする体験談(東京)の例 その1

氏名、場所、出典	地震時の行動および揺れの様子
●◆酒井佐昌 東京・牛込 自宅 大震の日・一高 国漢文学科 ・六合館 (1924)	①二階でうとうとして起きあがろうとした刹那、異様の響き。 **[第一震開始]** 大したこともあるまいと思いながら飛ぶように下へ。その時グラグラと揺れ始めた。 ②おや地震だなと思う間もなく地軸も折れんばかりの大震動。 もう止むだろうと何時ものように平気でいたが普通ではないようだ。 ③屋根瓦は飛ぶ、戸障子ははずれる、四辺騒擾、黄塵天日を被う。 ④やっと静まった頃、一同飛んではだしで庭の隅へ逃げた。 **[第一震終了]** ⑤すると間もなくまた来た、**前にも勝る大きな奴**。 **[第二震開始]** ⑥庭にちぢこまって見ると、二階は草木の如く揺れている。 自分達は**立っていることもできず**樹にしがみついて頑張った。 ⑦しかし案外早くおさまったので門外へ出て見た。 **[第二震終了]** ⑧通りは町の人でいっぱい、大通りへ出ると両側の家は殆ど将棋倒し。 この時三度目の大きい揺れが来た。立木にすがってブルブルふるえていた。 **[第三震]**
●◆河野伊三郎 東京・四谷 自宅 大震の日・一高 国漢文学科・ 六合館 (1924)	①寝ころんで天井を見ていた。グラグラと背中が持ち上がった。 **[第一震開始]** ②すぐ止むと思っていたが揺れは次第に激しくなる。 ③もう終わるかもう終わるかの予想に反し柱のきしる音、梁の打ち合う音、階段のきしむ音、 あたりは塵埃でもうもう。 ④起き上がり座る。ゆれ方はひどくなる一方。 ⑤本棚転倒、手水鉢が大きな音とともに落下、台所で陶器の打ち合うような音。 ⑥兄が母を庇って箪笥の傍にうずくまる。妹も一緒。 ⑦二階へ行こうと立ち上がる。電灯が天井板に当たりそう。止まっても直に揺れる。 ⑧ちょっと止んだと思った。 **[第一震終了]** ⑨兄が揺り返しが来ると言うか言わないかうちに**前より強いのが、** **[第二震開始]** **立って歩けない**。 ⑩やっと次のが止んだ。その時二階へ、父、弟二人、妹が固まっていた。 **[第二震終了]** ⑪三度目が来た、二階は階下より揺れ方がひどい。 **[第三震]** ⑫三度目が終わった時に皆が二階へ、二階に籠もることにする。
●和辻哲郎 東京・千駄ヶ谷 自宅 地異印象記・思想 (1923・10)	①家族と昼食を終えようとしていた時、揺りはじめる。 **[第一震開始]** ②立って縁側に出る。予想外に猛烈な震動。 ③反射的に庭へ飛び降りた。二階が三尺も動くかと思われる程揺れている。 ④子供を助けるため縁側に戻ろうとしたが普通に歩けない。 ⑤縁側のガラス戸が倒れる。家が倒壊したとすればあの瞬間であったかも知れない。 ⑥座敷へ飛び上がり二階へ。震動がおいおい弱くなる。 **[第一震終了]** ⑦階段を降りて家族と空き地へ避難、空き地の向こうの家が倒壊しているのを目撃。 ⑧まもなく気味の悪い地鳴りがしてひどく揺れ出す、**女達は立っていられない**。 もまれている家を見て倒れるかもしれないと思う。 **[第二震開始]** ⑨大砲のような大きな音が**三度程最初に南の方からした**のはこの頃か。 (多分**高輪御殿の薬品の爆発**であったらしい) ⑩二度目の揺れがやや鎮まる。 **[第二震終了]** ⑪家へ戻り下駄や傘を取り出し空地へ戻る。 ⑫三度目にひどく揺れる。なすの畑の波動の仕方を興味深く観察する。 **[第三震]** ⑬そのうち北の方に火事の煙があがった。

●立っていられない　　　第二震の揺れが　◆本震と同じないしそれ以上
○立っていられる　　　　　　　　　　　　◇本震より弱い

表8(b)　本震時に3回強く揺れたとする体験談（東京）の例 その2

氏名、場所、出典	地震時の行動および揺れの様子
●◇大曲駒村 東京・新宿 友人宅 東京灰燼記・ 東北印刷出版部 （1923）	所用で有人宅の二階で話込む。大震の最中にドンを聞いた。第一、第二、第三震を二階で過ごす、**この間四、五分を要したと思う**。その内第一震は最も強烈であった。 （詳細は以下の通り） ①最初余震が大風のようにドドドドっと来た、確かに上下動。　**［第一震］** ②「大きいやつが来るらしい」という余の言葉が終わらぬ内に果たして揺りだしてきた。 ③背後の箪笥が揺れ、水差し、煙草盆が飛んできた。 ④これはいけないと立ち上がる。 ⑤第二震が来た。余は北口の窓の柱に無意識に取り縋っていた。　**［第二震］** 上下左右に動揺、激浪に揉まれる小舟のよう。 ⑥第三震が襲うてきた。その間に柱から離れて、落ちた水差し、煙草盆、位牌等散乱した物を整えた。柱から手を離すと泥酔者のように畳の上によろめき倒れる。　**［第三震］** ⑦**この時ドンが鳴った**。二階の時計は12時5分で止まっていた。この時計は十分位進んでいたなと思った。 ⑧隣の瓦斯会社の爆発をおそれて二階を飛び降り、電車路上に出る。タンクが無いので破裂なんぞあるはずが無い等と考えた。 ⑨第四震には電車線路の上で逢着した。
●北園孝吉 東京・東銀座 映画館前 大正・日本橋本町・ 青蛙房 （1978）	①映画館（豊玉館）前で写真を見ている、足元から突き上げる感じ。　**［第一震開始］** ②瞬間街の風景が斜めに傾く。傾斜が反対になり右へ左へ激動が数回つづく。 ③よろめく足を踏みしめ、こうもりを地面に突き立てて転ぶまいとする。 ④上下動から水平動に変わって**時間にすれば数十秒**か、とにかく震動は止まった。 **［第一震終了］** ⑤往来にはもうもうと土埃、屋根瓦が落ちた商店から人々が外へ出てきた。 ⑥すぐまた突き上げるようにズズンときて、グラグラ第二震がきた。　**［第二震開始］** またしても**立っていられない程**身体が傾きめまいがして思わず目をとじ踏んばった。 ⑦まもなく揺れはうそのように停った。　**［第二震終了］** ⑧人々の呼び声、土蔵のひび、老婆を背負った男が店から往来へ飛び出す。 老婆の額から血、この分ではけが人が出ただろう等とノンキに思う。 ⑨するとゴオッという地なりが聞こえ次の瞬間三つめの激震が起こった。　**［第三震］** ⑩これは容易ならない事態だと、映画を見ずに帰ろうと友人と歩き出す。

●立っていられない　　第二震の揺れが　◆本震と同じないしそれ以上
○立っていられる　　　　　　　　　　◇本震より弱い

余震が急激な震動を与えたため再び肝を冷やした。初震から三分目頃のものが特に著しい。」〔震災予防調査会報告一〇〇号甲（大正一四年）〕と述べている。また、上野の美術館にいた寺田寅彦は、色々な書物に震災の体験談を残しているが、彼も「最初にも増したはげしい波が来て二度びっくりさせられた。」と述べている〔例えば、震災日記（昭和一〇年）〕。彼は随筆家として有名であるが、東大の地震学者の一人でもあった。また当時中学生で後に建設省建築研究所所長となる地震工学者の竹山謙三郎は自宅で震災を体験し、「二三分後に来た余震がまた激しいものであった。庭から眺めた主屋は軒先で左右に一尺二三寸も振幅があっただろうか。」と述べている〔中央公論・特集関東大震災の日（昭和三九年）〕。さらに作家の田山花袋も自宅で「二度目がきた。最初のものより大きかったかもしれない。家がぎいぎい揺らぐ、瓦が落ちる。」と述べている〔東京震災記（大正一三年）〕。強さだけではなく、震動の継続時間についての証言もある。水野慶誌は「初回の震動は鎮まった。数分の後揺り戻しの第二の激震が来た。時間はやや短かったが強度は初回に譲らなかった。」と、二回目の揺れが本震の揺れに比べて継続時間が短かったことを述べている〔中央公論（大正一二年）一〇月号〕。この指摘は、**表8**にある酒井佐昌が二回目の揺れが「案外早くおさまった」と述べていることと整合する。

最初の五分間

これまでに東京での揺れに関する様々な体験談を紹介したが、ここで、揺れ始めからのストーリーを整理してみよう。

まず、最初の揺れは一一時五八分四四秒つまり五九分頃から始まり、北園孝吉が述べているように数十秒で止まった。中央気象台地震掛の中村左衛門太郎も別の資料〔震災予防調査会報告一〇〇号甲（大正一四年）」で本震の揺れ初めから終わりまでの時間が三〇～四〇秒であったと述べている。この揺れの長さは、先に本震の断層がすべり終わるまでの時間を約四〇秒と推定したが、その間、震源から震動が連続して出ていたとすれば理解できる。これが一回目つまり本震の揺れである。次に二回目の揺れは、今村明恒は三分目頃、竹山謙三郎は二、三分後と述べており、一二時一分頃と推定される。和辻哲郎は二回目の揺れの最中に高輪御殿の薬品の爆発音を聞いたと述べている。高輪御殿の発火時間は午後零時頃、一二時五分頃など資料により多少異なるが、大曲駒村が第一震から第三震の終了まで四、五分を要したと述べていることとも考え合わせると、二回目の揺れを一二時一分頃としてもそれほど矛盾しているとは言えまい。大曲が三回目の揺れの最中にドンを聞いた話は先に述べたとおりである。

二回目の揺れの強さについては、先にいくつか紹介したが、このほかにも多くの証言があり、調査の範囲でまとめると、本震（第一震）と同等またはそれ以上と述べているのは、**表8**で黒四角を付した酒井佐昌、河野伊三郎など一二名に対し、本震より弱かったと証言しているのはたったの四人であった。このうち秋山清は三回の揺れのうち、本震の揺れが一番猛烈だとしながらも、二回目は一回目より少し弱いだけだと述べている。またさらに三回目は二回目より大分弱かったとし、それだけではなく、「その後、たびたび東京で私は地震に遭ったが、このときの三回目ほどのものはついぞ出遭わない」と付け加えている。秋山の体験談が出版されたのが昭和五二（一九七七）年のことである。関東地震後の大正一三（一九二四）年から昭和五二（一九七七）年までの東京における有感地震は、震度五が最大で四回あるが、これらはいずれも昭和四年以前の記録で、昭和四年の山梨県東部地震（M六・三）を最後にそれ以後昭和五二年まで震度五をもたらした地震はなく、東京での揺れの最大は震度四である。以上を総合して考えると、三回目の揺れは震度五程度で、二回目はそれよりずっと強く、本震と同じ震度六程度ということになる。このことは、二回目の揺れの際に立っていられなかったとする体験者が調査の範囲で一三人いるのに対し、立っていられたとする人が一人であることとも整合する。**第一章の表2**の震度階に示すように、多くの人が立っていられない状態は震度六と判定される。

しかしながら、二回目の揺れの継続時間は酒井佐昌や水野慶誌が述べているように本震に比べて短かった。これは、地震の震源の規模が本震に比べて小さい、つまりマグニチュードが小さいことに対応するものと思われる。また体験談からは二回目の揺れのあと、三回目がいつ頃始まるかはよくわからないが、大曲駒村が言うように第三震の終了まで四、五分を要したとすれば、一二時三分頃に三回目の揺れがあったものと思われる。

発見！ 本震直後の大余震

岐阜測候所の記録

東京では、本震の三分後に本震とほぼ同じ程度の揺れが、また五分目頃にそれよりやや弱いが相当強い揺れが襲ってきた。これは、本震の三分後と五分後に大きな規模の余震が本震の震源のどこか近くで起こったことを意味している。本震の震源の近くといっても、関東地震の震源の断層面は長さ一三〇キロメートルもある巨大なもので、その断層のどのあたりに余震が起こったのであろうか。先に紹介したように、日本はもとより世界中に置かれていた地震計の記録にこの二つの余震は記録されていないのだろうか。

東京での記録は、中央気象台と東京帝国大学の地震学教室にあるが、本震の揺れが始まってすぐに振り切れており、五分間揺れを完全に記録したものはない。そこで日本に残る振り切れていない記録を調べた結果、やっとのことで岐阜測候所の今村式強震計の上下動の記録が本震直後の二つの余震を完全に記録していることがわかった。**図16**に本震の記録を含む約七分間の上下動と水平動（EW成分）の記録をトレースして示す。比較のために、同じ今村式強震計で記録した翌年一九二四年一月一五日の丹沢の余震（*M*七・三）の上下動記録のトレースも示す。

調査の結果、水平動の振り子の固有周期は四・五秒であったのに対し、上下動は一秒に設定されていた。**第二章**で述べたように、地震計は固有周期より短い揺れを正確に捉える性質があり、このため、当時は固有周期が長い地震計ほど、記録できる揺れの周期範囲が広く、それだけ「優秀な」地震計と考えられていた。したがって、測候所でも保守点検をできるだけ簡単にするため、ある程度固有周期を犠牲にしていたが、設定する固有周期は五秒程度が普通であった。このような環境の中で、構造上固有周期を長くし難い上下動でも、固有周期が一秒に設定されていたことは珍しい。このため、岐阜測候所の今村式強震計の上下動成分は、一秒以上のゆったりとした揺れはあまり記録できず、小刻みな短周期成分しか記録できない当時としては精度のあまり良くない地震計となっていた。

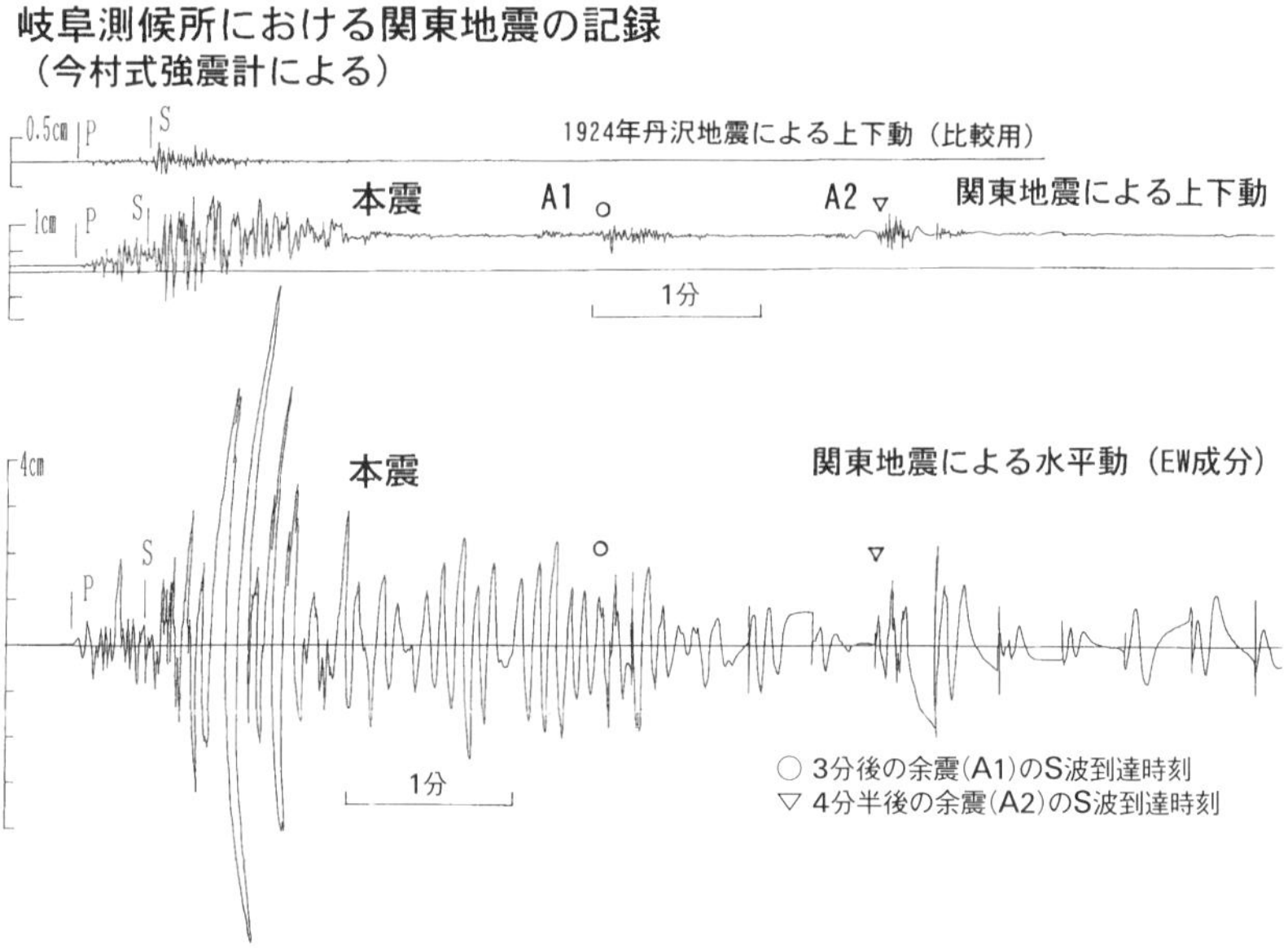

図16　岐阜測候所で観測された本震時の東西成分と上下成分の記録
比較のために1924年丹沢の余震による上下成分の記録も示す

このことがかえって幸いし、上下動成分は一一時五九分頃の本震の直後に、本震の揺れと区別して二つの余震（**図16**のA1とA2）を完全に記録することに成功したのである。全く皮肉な結果である。本震によるP波、S波の到達時刻のほかに、上下動成分で確認できる余震によるS波の到達位置を○と▽で示す。水平動成分にも同じ時刻に○と▽を付すが、長周期成分に富む本震の優勢な後続波のために、余震を判別することはできない。上下動成分の記録から、第一の余震は本震の約三分後、第二の余震は本震の約四分半後に起こり、最大振幅値を検討した結果、マグニチュード*M*は、三分後が七・二、四分半後が七・三と推定できた。余震といえどもさすが関東地震の余震である。兵庫県南部地震の*M*七・三に匹敵する大地震であったことがわかる。また翌年の丹沢の余震（*M*七・三）の記録と比較してみても上下動の振幅はほとんど変わらず、マグニチュードの評価が妥当であることがわかる。

発生場所（1）

次に、本震直後の二つの大余震の震源の場所を推定するために、さらに広い範囲にわたる体験談を調べてみた。まず、東京に本震にも勝る揺れをもたらした三分後の余震は、横浜でも、Y・ストロングは「二度目の揺り返しが来て崩壊物の中に抛り出された。」と述べ［横浜市震災誌・第五冊（昭和二年）］、永井壽吉は「二三間跳ばされた」と述べている［横浜地裁震災略記（昭和一〇年）］。また、斉藤竹松は「電柱が倒れ電線は切断、潰れ残りの家屋が倒壊した。」［横浜地裁震災略記（昭和一〇年）］。吉永敏夫は、「本震の揺れが小さくなったので大急ぎで起きあがり、十字路を横切って明治屋の前の電柱につかまった時、『ゴッドーン』という音で電柱が四〇度にも傾き明治屋の建物が崩れた。」と述べている［十一時五十八分懸賞震災実話集（昭和五年）」。これらは、建物にも直後の余震による揺れで相当の被害が出たことを表している。また横須賀では郵便局長の野田義夫が、『横須賀郵便局罹災記』［横須賀市震災誌（昭和七年）］で、「第二震が来て堅牢な石造りの郵便局が破壊した。」とか、鎌倉では作家の久米正雄が自宅で、「第二の激しい上下動が来て近所の文化住宅が倒壊し、さらには母屋の屋根が沈んだ。」と述べている［改造（大正一二年一〇月号）など］。しかし、これらの地域では東京での体験談のように本震の揺れと同等ないしはそれにも勝るという表現はない。たぶん東京より南に行くほど本震の震源に近づき、その分本震による揺れが強かったためであろう。東京湾周辺を襲った過去の被害地震の震度分布などとも比較すると、三分後の余震の震源は、東京湾の北部あたりではないかと考えられる。

発生場所（2）

一方四分半後の余震については、東京では**表8**の体験談からも三分後の余震の揺れほどではなかったことがわかる。一方、静岡県西部の富士宮では、**表7**で河井清方が、第三震の時、付近の建物が左右に動揺してほとんど転倒しそうな状況であったと、この余震の強さが相当なものであったことを記している。静岡県東部や山梨県、さらには神奈川県西部では、河井のように三度揺れたという体験談は少なく、二度揺れたという体験談が多いが、その一つ現神奈川県小田原市の根府川で、地震を経験した内田一正の体験談は興味深い。内田は本震の際一軒下の隣家にいた。体験談をもとに本震後の行動を箇条書きにすると以下のようになる。

① 主震で逃げ出し、揺れがおさまったので自宅に帰った。
② 自宅は四尺土管があふれ水浸しだった。

③お爺さんも外出先から急ぎ帰宅した。
④その瞬間第二回目の地震が起こり、家の戸袋が地面に揺り落とされてしまった。
⑤この地震がおさまった瞬間「山が来たぞ！」の声に振り返るとかんのめ山の方からもうもうと砂塵が襲いかかってくるのが見えた。

かんのめ山の砂塵とは、**第一章**で述べた根府川集落を埋没させる山津波である。この体験談は、根府川集落を襲った山津波を研究している小林芳正によって紹介されている〔日本地震学会論文集「地震」三二巻（昭和五四年）〕。小林は山津波の源流や流速なども検討し、根府川集落を山津波が襲ったのは、本震後五分位というのが妥当だとしている。そうだとすれば、内田のいう戸袋を落とした直前の余震は四分半後の余震と考えるのが妥当であろう。静岡県東部や山梨県、神奈川県西部において、本震を含めて二度強く揺れたという体験談の多くは、内田と同様にその間の行動を記したものが多く、本震の揺れとの間にいくぶんかの時間があったことを感じさせる。このことも、これらの地域で書かれている二度目の揺れが、三分後の余震ではなく、四分半後の余震であると考える一つの理由である。

揺れの強さについては、それほど多くの体験談はないが、以下の三つは、余震の揺れが本震と同等ないしはそれ以上強いと述べている。神奈川県津久井郡津久井町串川の鈴木シマは、「最初の揺れ（第一震）が少々落ちつき父親が畑へ出て行く。そのとき大きな地震があり、父親が途中の橋の上で揺れているのを見た。揺れは最初より二回目の方が大きかった。」〔関東地震体験記録集（平成九年）〕。静岡県御殿場市深沢の佐藤源八郎は、「本震で倒れ二、三〇秒止むのを待った。揺れが止んで外へ飛び出そうとしたら二度目の揺り返しが来た。一回目と同じ位揺れた。」〔史誌ふかさわ（昭和五八年）〕。山梨県南都留郡鳴沢村の渡辺庭朔は、地震直後の大正一二年九月に以下の記録を残している。「地下の鳴動と共に大地震。動揺すること数分間、まもなく二回目来たり。劣らぬ大震動。」〔鳴沢村誌（昭和六三年）〕。これら三地点は山梨、神奈川、静岡各県の県境を取り囲むように分布する。

四分半後の余震については、当時の埼玉県熊谷測候所の平野烈介が東京の中央気象台と熊谷測候所で観測された初期微動継続時間から震源までの距離を求め震源位置を推定している〔熊谷測候所関東地震調査報告（大正一二年）〕。初期微動継続時間と震源までの距離との比例関係は、あの大森房吉が大正七（一九一八）年に求め、今日でも大森公式として広く知られているものであり、それを用いて震源までの距離をそれぞれ七九キロメートル、六八キロメートルと推定している。平野がどのような記録から初期微動継続時間を評価したか、今となっては知るすべもないが、**図17**に示すように、＋印の平野による震源位置は、先に紹介した岐阜測候所の上下動記録の初期微動継続時間から推定される震源までの距離二〇八キロメートルとも大きく矛盾しない。余談になるが、平野烈介は大正初期に中卒で中央気象台に入り、その後、台長の岡田武松に能力を買われ、広島地方気象台長や高松管区気象台長などを務めたいわばたたき上げの人である。昭和二〇年の原子爆弾投下時に、折しも広島地方気象台長として観測業務続行の先頭に立ったのも平野である。今日でも大正から昭和にかけての中央気象台の研究報告には地震や気象に関し平野が精根を傾けたと思われる論文を目にすることができる。

以上、体験談による結果と平野による結果を総合し、四分半後の余震の震源は山梨、神奈川、静岡の県境付近であると推定できる。

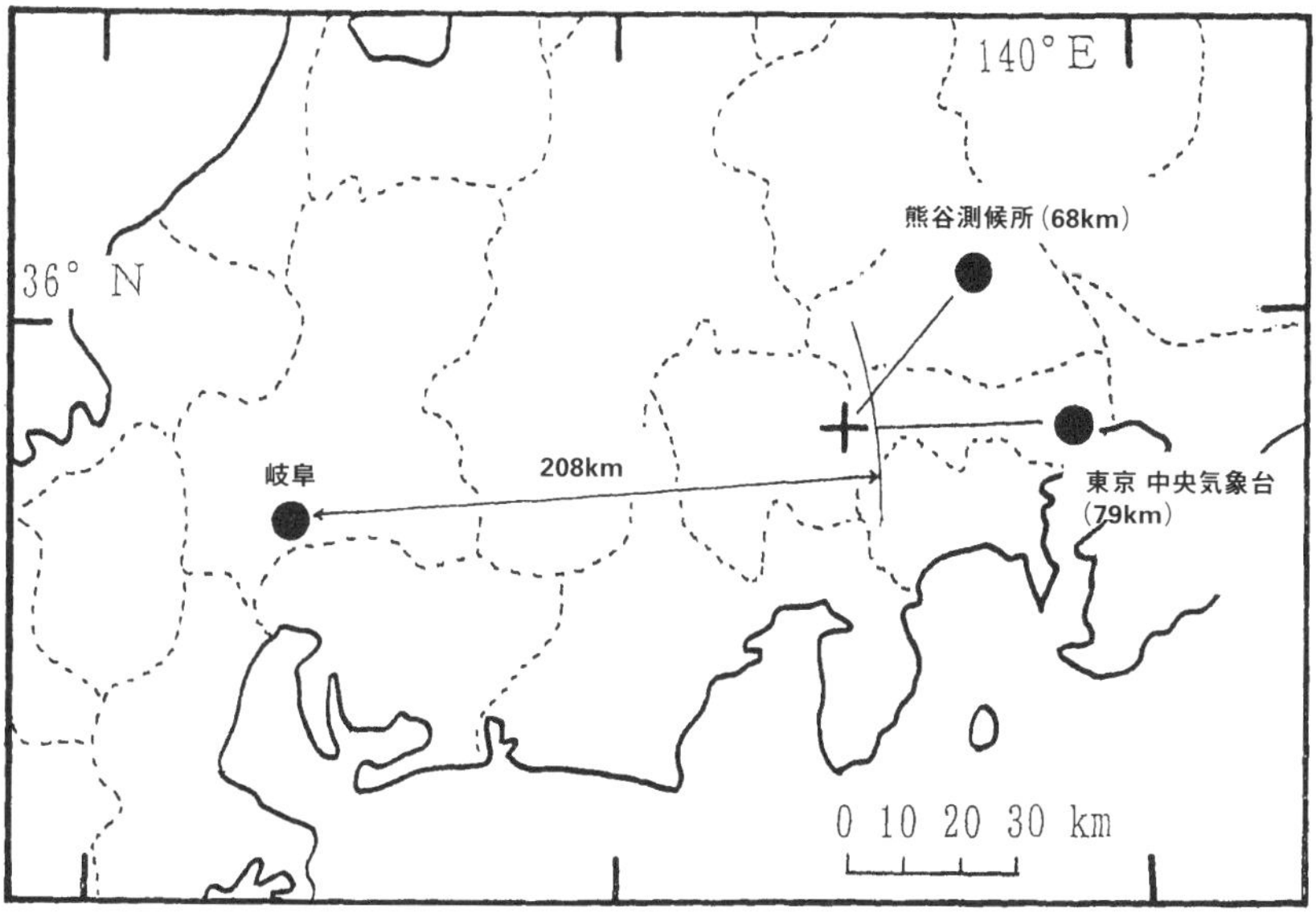

図17　本震の4分半後に発生した余震の震源位置の推定

本震は一級、余震は超一級

六大余震

今村式強震計は、本震だけでなく、多くの余震についても完全な記録を残している。これらの記録の初期微動継続時間から、震源位置を評価し、本震と同様の方法でマグニチュードを再評価した。その結果、本震直後の二つの余震を含め、実に六つの余震がマグニチュード七以上で兵庫県南部地震に匹敵する規模であることがわかった。**表9**に六大余震の発生時間、発生場所、再評価したマグニチュード、わかっている被害などを示す。被害についてみると、本震直後の余震については、本震による被害とほとんど区別がつかない。また、その他の余震においても紛らわしさは残るが、その中で最も大きな被害を与えたのは、丹沢の余震で、河井清方の予言どおり、翌年一月一五日に発生し、死者一九名の大きな被害を生じた。

図18には、余震の発生場所と本震の断層面の位置、さらには断層面上で四メートル以上の大きなすべりがあったと推定されている場所を斜線で示す。▲は本震の震央位置で、小田原の北、松田付近に対応し、**第二章**で述べたように、ここの地下約二五キロメートルで断層すべりが始まり、三〜五秒後に小田原付近で第一の大きなすべりに拡大し、その後約一〇〜一五秒後に三浦半島付近で第二の大きなすべりを発生させた。震源位置は浜田信生［験震時報五〇巻（昭和六一年）］、すべり分布はD・Jワルドほか［米国地震学会誌八五巻（平成七年）］によって求められたものである。六大余震の震源位置は、本震で大きくすべった領域を取り囲むように分布していることがわかる。たぶん、本震の断層面上です

表9　マグニチュード7以上の余震(6大地震)とその影響

発生年月日	時刻	発生場所	マグニチュード	被害など
23年9月1日	12時01分	東京湾北部	7.2	本震の被害と区別できず
23年9月1日	12時03分	山梨県東部	7.3	本震の被害と区別できず
23年9月1日	12時48分	東京湾	7.1	本震の被害と区別できず
23年9月2日	11時46分	千葉県勝浦沖	7.6	勝浦で瓦落下など小被害、小津波
23年9月2日	18時27分	千葉県九十九里沖	7.1	東金で小被害
24年1月15日	05時50分	丹沢山塊	7.3	神奈川県中部で被害大、死者19名

べり残ったところが余震としてすべったのであろう。

超一級の余震群

日本列島の周辺では二つの海洋プレートが日本列島の下に潜り込んでいる。**図19**にその様子を示す。一つは太平洋プレートで東日本の太平洋沖にある日本海溝がその潜り込み口になっている。もう一つはフィリピン海プレートで関東地方の南岸から西日本の太平洋沖にかけて潜り込み、その潜り込み口は、伊豆半島を境に、東は相模トラフ、西は南海トラフとよばれる海溝になっている。図からもわかるように、これら一連の海溝は伊豆半島を中心に大きく北に向かって湾曲している。この湾曲の原因は伊豆半島にあると考えられている。伊豆半島はもともとフィリピン海プレート上の島で、遠く日本列島の南方にあった。それがフィリピン海プレートの北上に伴って、日本列島に衝突し、フィリピン海プレートはその部分で潜り込めずに海溝を大きく北へ湾曲させる結果になったというのである。

図19には、最近一〇〇年間に各プレートの潜り込みに伴い日本列島を載せた陸側のプレートとの境界で発生したマグニチュード八クラスの代表的な地震の震源域(震源断層のある領域)を示す。太平洋プレートに伴うものとしては昭和二七(一九五二)年と昭和四三(一九六八)年の二つの十

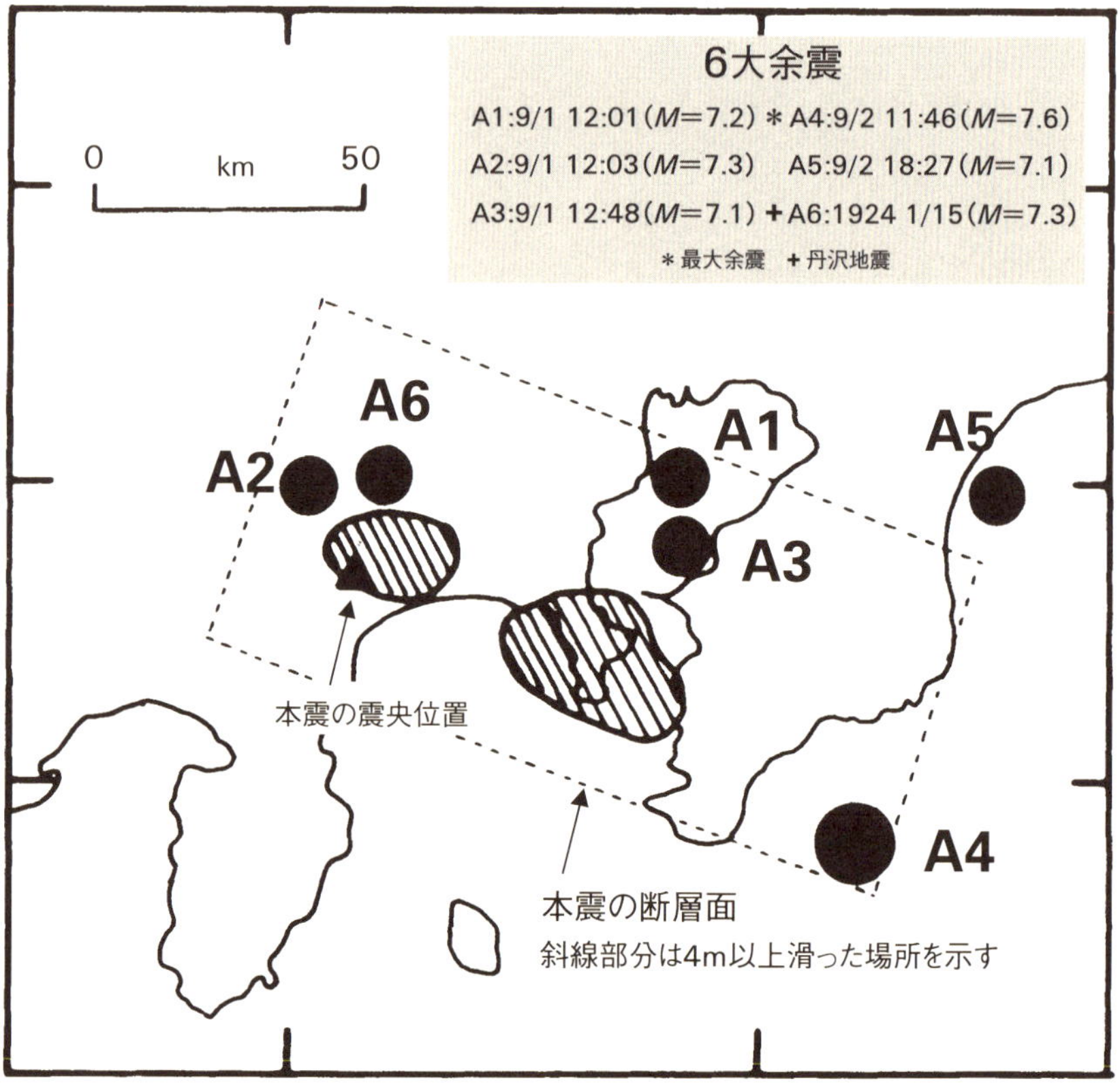

図18　本震の震源断層で大きく滑った部分と6大余震の震源位置の関係

勝沖地震（平成一五（二〇〇三）年には、昭和二七年と同様の地震が再来）、フィリピン海プレートの南海トラフからの潜り込みに伴うものとしては昭和一九（一九四四）年の東南海地震と昭和二一（一九四六）年の南海地震がある。相模トラフに関しては、言うまでもなく大正一二（一九二三）年の関東地震がある。関東地震は、これらM八クラスで超一級の規模をもつ地震の中では、断層面の広さやすべりの大きさなど、決して最大規模のものではなく、むしろやや小さめの地震である。

図20に、これらの地震に対し、本震後二日間のマグニチュードが五以上の余震を本震の発生時刻を基準として並べてみた。マグニチュードが六以上のものを●で示す。太平洋プレートに関連する二つの十勝沖地震は、南海トラフに関連する二つの地震に比べて、大きな余震の発生数がやや多いことがわかるが、それにも増して関東地震による大規模余震の発生数は多い。M八クラスの巨大地震が発生した場合、M七クラスの余震が発生することはそれほど珍しいことではないが、関東地震の場合、その数は翌年の丹沢の余震も含めると実に六つに達する。つまり余震活動は文句なく超一級といえるのである。この原因については、必ずしもよくわからないが、関東地震の震源域が、先に述べたように伊豆半島と本州の衝突境界に近く、関東地震の本震の断層がすべった際に、特に大きくすべった周辺に大きな応力集中が起こりやすくなることも考えられる。これらの条件は、一回の地震の発生で大きく変わるとは考えにくいため、将来再び関東地震が起こった際にも、同様に大規模な余震活動が起こることが十分考えられる。大きな地震の後は揺り返しに注意しろとよく言われるが、関東地震はその中でも特に注意が必要な地震だったのである。

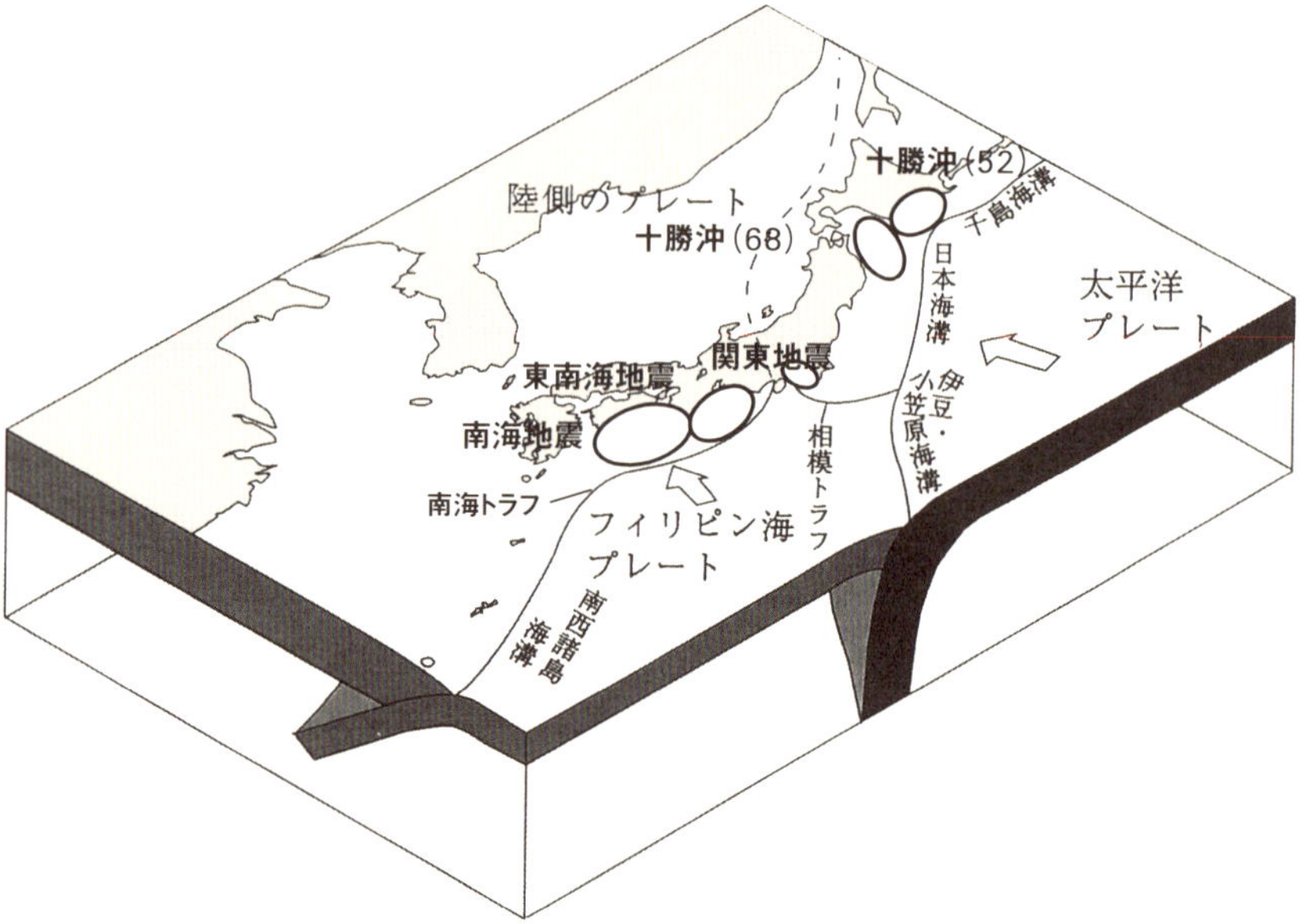

図19　日本付近のプレート運動と近年発生した*M*8クラスの巨大地震の震源域
［地震調査推進本部編『日本の地震活動―被害地震から見た地域別の特徴』（平成9年）に加筆］

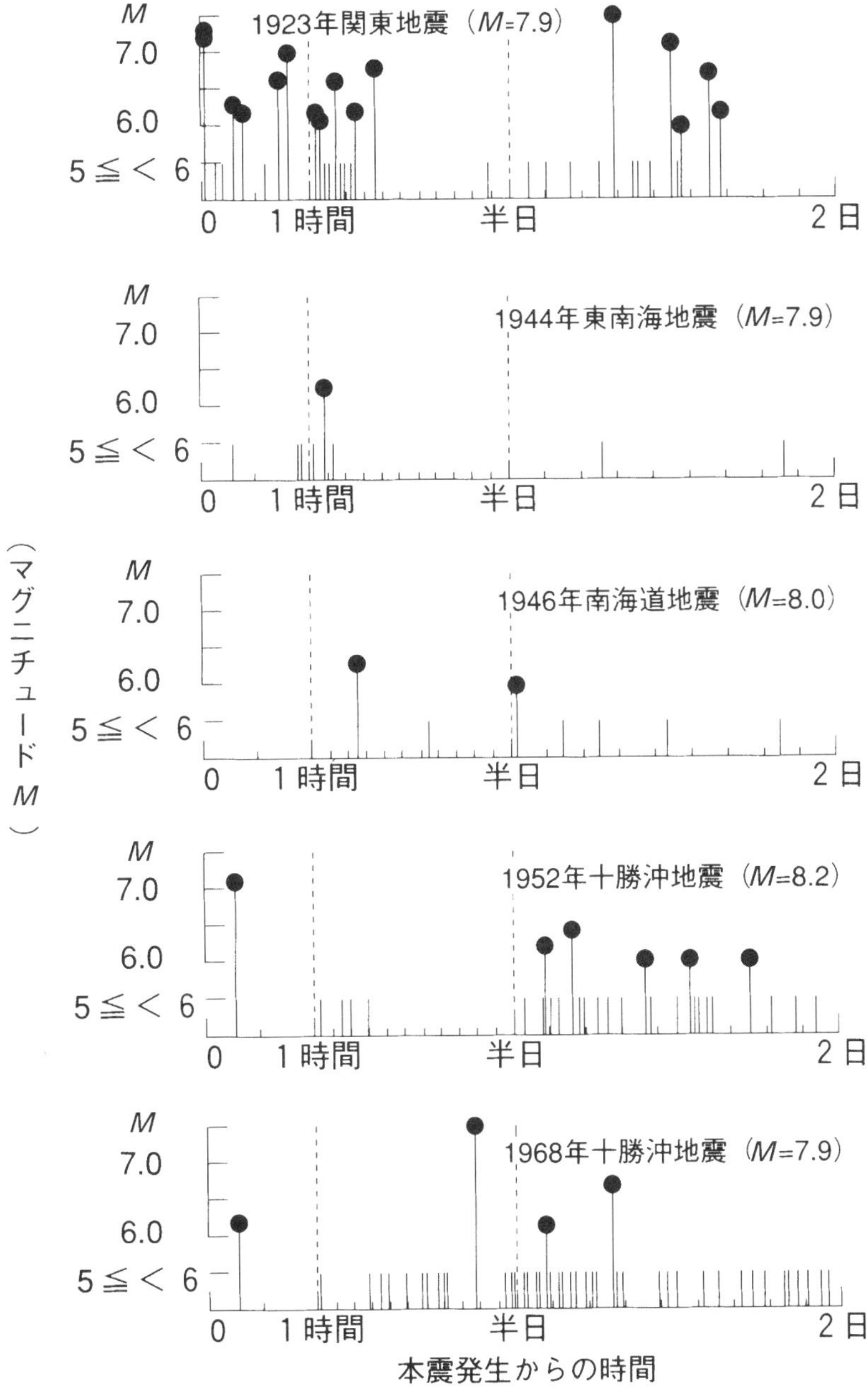

図20　M8クラスの地震の余震活動の比較

第四章　震度分布を評価する

揺れの強い場所、弱い場所

住家全潰率と震度

関東地震当時、木造建物の被害程度に対して、全潰、半潰、破損（または傾斜）という言葉がよく使われ、全潰と半潰を合わせて倒潰と呼んだり、全潰を倒潰と呼んだりする場合があったようである。全潰の意味は、少なくとも昭和二三（一九四八）年の福井地震の頃までは、平屋では屋根以下がつぶれ屋根が地面についたもの、二階屋では一階がつぶれ軒が地面についたものなどとあり、半潰は木造の柱や梁が大きく破損し、改築しなければ使用に耐えられないもの、または多少の修繕では使用に耐えられないものなど、とある。今日では常用漢字表に「かい」の字＝「潰《つぶ》れる」がないため、すべて「壊《こわ》れる」の字を当てるが、当時の文献では「潰」と「壊」とは使い分けられている場合もあり、厳密にはよくわからないが、そのような場合「壊」の方が被害の程度が軽い印象を受ける場合もある。今日では、修復するために建て替えるほどの費用がかかるということを一つの目安として全壊が判断され、全壊と判断された建物が立っているのをよく見かけるが、関東地震当時では、あり得ない光景であったと思われる。

震度階級表（**第一章の表2**）を見ると、震度七の激震には家屋の倒壊三〇％以上と書かれている。この定義が福井地震の翌年に作成されたこと、中央気象台では、倒潰または倒壊という言葉を全潰または全壊と同義に使っていたと考えられることから、関東地震に対して、住家全潰率と震度との関係を見るとき、震度七を住家全潰率三〇％以上と判定することにする。同様に過去の事例を参考に震度六を住家全潰率一％以上と決め、それらの値を基準として、震度五弱から七までの五段階の震度を**表10**のように住家全潰率と対応づけることにした。

住家と非住家

ところがここで一つの問題がある。被害家屋の数え方である。被害家屋を数える単位には、棟数と戸数の二種類があり、地域によって集計単位が異なっているのである。これがちょっとした混乱を招く場合がある。被害棟数は建物の数で、通常、住家と非住家に区別されて数えられる。住家は読んで字の

震度	木造住家全潰率
5弱以下	0.1%未満
5強	0.1%以上1%未満
6弱	1%以上10%未満
6強	10%以上30%未満
7	30%以上

表10　住家全潰率と震度との関係

ごとしであるが、非住家は納屋・物置や家畜小屋、時には住家の外にある便所等も含まれたと考えられる。一方、戸数は今で言う世帯数に近い意味であると考えられるが、戸数と棟数の関係となるとなかなかむずかしいものがある。

　後で説明する内務省社会局による『大正震災志』のデータには、千葉県に対し、たまたま両方の集計値がある。**図21**の左側の図は、市町村ごとにまとめられた全潰戸数と全潰住家棟数の比較を示している。被害が多くなると両者はほぼ一致するが、少ないと全潰戸数が全潰住家棟数より多くなることがわかる。また、右側の図は全潰戸数と全潰（住家＋非住家）棟数を比較したものである。この場合は、ほぼすべての地点で全潰（住家＋非住家）棟数の方が多くなる。このことを解釈するためには、全潰戸数を住家または非住家のどちらか一方または両方が全潰した世帯の数と考えると都合が良い。当時、東京市などごく一部の都会を除き集合住宅は非常に少ない。つまり一世帯に住家一棟が標準である。このこ

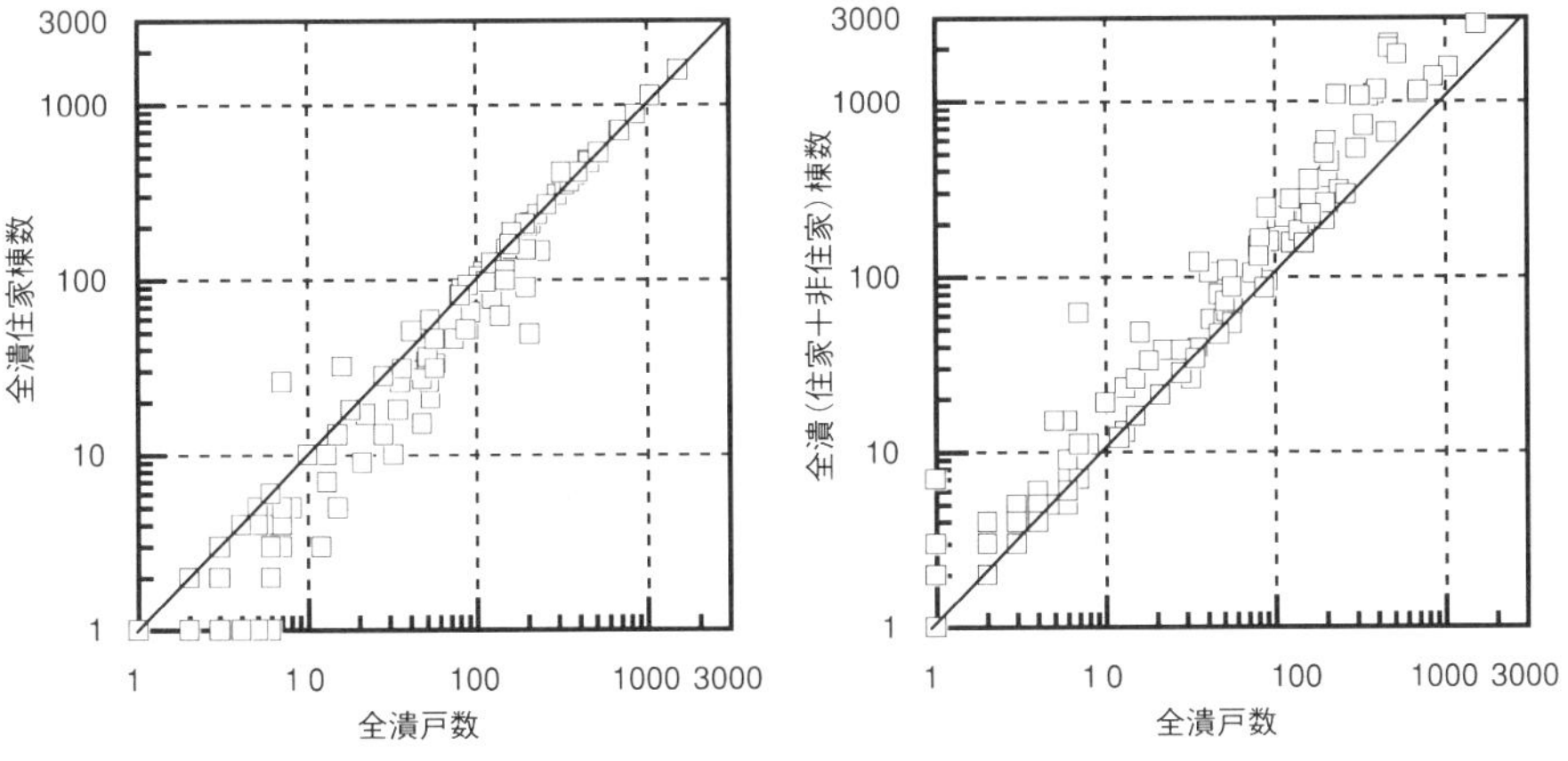

図21　全潰戸数の意味：全潰住家棟数と全潰非住家棟数との関係（千葉県の例）

とを考えれば、右の図で全潰戸数より全潰（住家＋非住家）棟数が多くなるのは容易に理解できる。また一般に、非住家の方が住家に比べ耐震性が低いために、地震動が比較的弱いうちは、非住家のみが全潰する世帯の割合が多く、全潰戸数が全潰住家棟数より多くなり、地震動が強くなると住家まで全潰する割合が増えるので、次第に全潰戸数＝全潰住家棟数となると考えれば、左側の図の特徴も説明できる。

この点については、おそらく、関東地震に対するもう一つの重要な被害データである『震災予防調査会報告』の木造建物被害数をまとめた松澤武雄も悩み、そのあげくに戸数で集計されている県の値はそのままにして、棟数で集計されている県では、住家と非住家の数を足し合わせた値を採用してしまった。この集計結果をもとに今村明恒がまとめた『震災予防調査会報告』の各県別被害集計表は、今日でもよく使われている。しかしながら以上のことから、この表が県によってデータが不揃いであることは容易に想像できる。

データについての詳しい説明や、データが混乱する原因、さらにはそれを解消して均質なデータを求めることなどについては、後で詳しく述べるとして、まずは均質化されたデータから推定される住家全潰率による関東全域における震度分布を示し、その特徴を説明することにする。

丘陵地と低地

図22は求められた住家全潰率ならびに震度分布である。図には、参考のために震源断層の位置も示した。房総半島東部を除き、断層面の直上では全域で全潰率一％以上（震度六弱以上）で、相模川低地や房総半島南部の館山低地では全潰率三〇％以上（震度七）となり、その周辺部もおおむね

全潰率一〇%以上（震度六強）となっている。

一般に地盤は、古い時代に堆積してできたものほど、地震の揺れを増幅させにくい。関東地方の地盤を概観すると、構成する地層によって大きく三つに分類できる。一つは沖積層と呼ばれるもので、約一万年前から現在までの完新世と呼ばれる新しい時代に堆積したもので、主に低地を構成する。次に古いのが洪積層と呼ばれるもので、約二〇〇万年前から一万年前の更新世に堆積したもので、多くは一〇万年前以後の後期更新世に堆積したものである。これらは洪積台地と呼ばれる丘陵地を形成している。さらにそれ以前のものは第三紀以前の地層で、主に山地を形成する。**図23**に関東地方の地形地質に関する概略図を示す。

図22と**図23**を比較して見ると、断層面の直上で震度六強から七となっているのは相模川低地や房総半島南部の館山低地とその周辺部で、それらの地域では、主に沖積層や後期更新世に堆積した洪積層の地盤が支配的である。一方、断層面からはずれた地域では、震度は一般に低めとなり、千葉県北部や東京湾沿岸を除く東京都全域、埼玉県中部など洪積台地が広がる地域では概ね震度五以下である。これに対して、沖積低地の広がる埼玉県東部から東京都東部の東京湾沿岸にかけては震度が高く、六強から所によっては七となる地域もある。このように、地震による揺れの強さは、震源断層からの距離もさることながら、地盤条件に大きく左右されることがわかる。

瀬替え

一般に地震による揺れを増幅させやすい沖積層は、河川の氾濫によって運ばれてきた土砂が堆積してできたものである。したがって、大河川の下流域は沖積層が堆積しやすく、地震の際によく揺

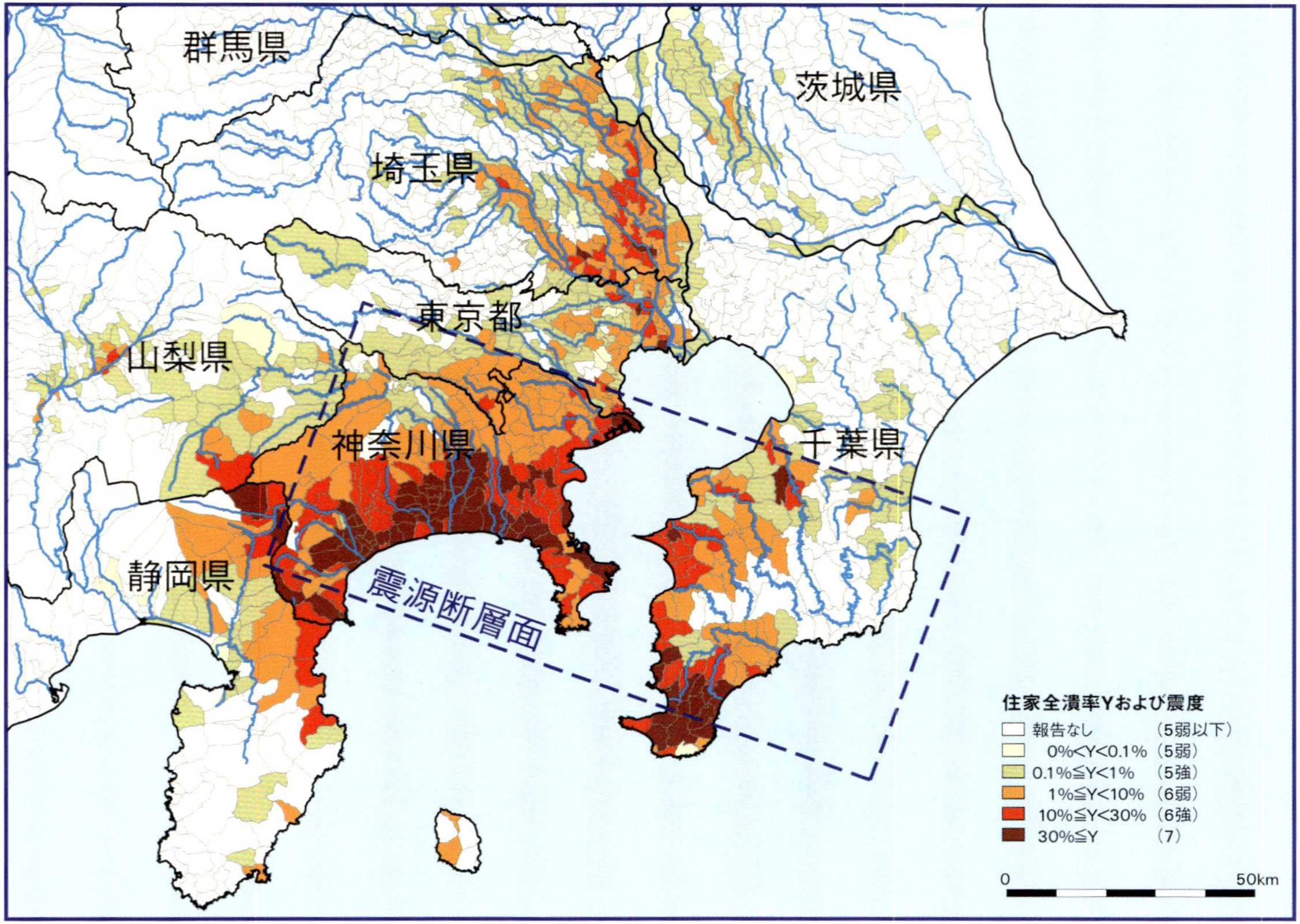

図22　関東全域にわたる住家全潰率および推定震度分布

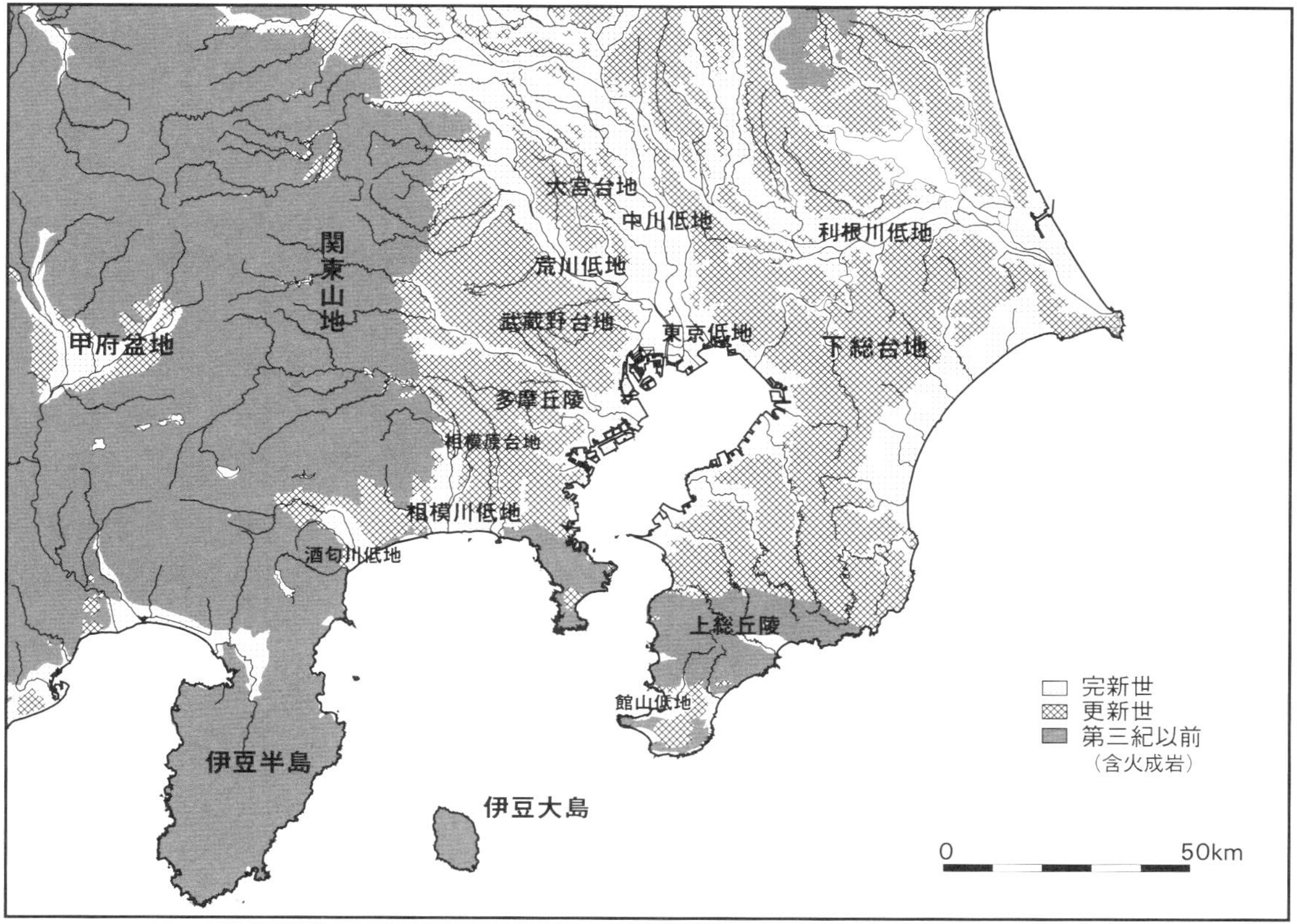

図23　関東全域の地質地形［地質調査所発行100万分の1数値地質図に加筆］

れる地域となる場合が多い。それでは、震源から離れているにもかかわらず、震度が高い埼玉県東部地域、特に大宮台地の東側の地域もそうなのだろうか。この地域はちょうど東武鉄道の伊勢崎線に沿った地域である。

この地域にも多くの河川はあるが、この付近で大河といえば利根川である。利根川は千葉県と茨城県の境を流れ、銚子から太平洋に注いでいる。また付近を流れる荒川も、大宮台地の南の縁を周りこの地域を直接流れているわけではない。利根川は、流域面積では日本一、長さでも信濃川に次いで第二位の大河であり、荒川も関東地方では利根川、那珂川に次いで、流域面積、長さとも第三位の河である。

このような状況はいったいいつ頃生まれたのか。利根川や荒川が現在のような流れになったのは、一万年などというオーダーの話からすれば、ごくごく最近のことなのである。利根川は江戸時代の初期、元和七（一六二一）年、将軍・徳川秀忠の政権時に、それまで埼玉県東部から東京湾に注いでいた流れを千葉県の関宿付近から現在の銚子へと流れる河道に変える、いわゆる瀬替えが行われた。目的は、当時東北日本の諸藩からの物資を、房総半島を周り、伊豆の下田を経由して運んでいたいわゆる東回り航路を、より近くてより安全なものにするためで、北浦や霞ヶ浦から内陸河川を使って江戸に通じる安定した水路を確保する必要があった。また、荒川も寛永六（一六二九）年、将軍・徳川家光の政権時に、やはり埼玉県東部を流れていたものを今の熊谷市の南東部で入間川に瀬替えをした。この目的は、川越と江戸の水運を確保するため入間川の水量を増やすことにあったと言われている。これら昔の名残として、大宮台地の東側には今でも古利根川や元荒川と称する水路が残っている。

このように、大宮台地の東側の中川低地と呼ばれる地域はごく最近まで大河川が集合する地域であり、そのような環境が、関東地震で震度が高くなったことと密接に関連しているのであろう。近年、至る所に人間の手が加わり、土地の改変が進んでいる。地震時の揺れの強弱を予想する場合、その昔どのような環境の土地であったかを振り返ってみることも大切である。

被害を今に伝えるもの

臨時震災救護事務局

多少話が前後するが、震度分布を求める際に使っている被害に関する資料としてどのようなものがあるのか、また、それらを使う上での問題点について説明することにする。

関東地震による被害を国の最終報告としてまとめたものに、大正一五（一九二六）年に発刊された内務省社会局による『大正震災志』（全二巻）がある。これは、臨時震災救護事務局（大正一二年九月二日～大正一三年三月末）の活動に負うところが多い。臨時震災救護事務局は地震発生の翌日、まだ東京市で火災が燃えさかっている最中に組織された。内閣総理大臣を総裁に内務大臣を副総裁にして内務省を中心に関係各省の職員を総動員してつくった、救護と復旧を目的とした組織である。復旧の基礎資料として、被害の全体像を正確につかむことも臨時震災救護事務局の重要な仕事で、総務部が担当し、その結果が後に『大正震災志』としてまとめられた。いわば行政ルートのデータである。

『大正震災志』には、異なる二つのデータが掲載されている。その一つは、県庁、郡役所、警察署等の報告をまとめたもので、市町村別の集計の形で掲載されている。これらは次に述べる震災予防調査会によるものと性格は同じと考えられるが、両者の値が完全に一致するのは山梨県のみである。集計時期、集計主体などが微妙に違っている可能性がある。

関東地震の被害は一府九県（当時は東京府）に及び、程度も甚大で、調査はそれほど容易ではなく、臨時震災救護事務局では、各地でまとめられた種々の報告からだけでは被害の全体像を正確につかめないと判断したのであろう、国としての独自の調査も行っている。それは、国勢調査方式によって全国に調査票を配布し、一一月一五日を期して全国に散らばった被災者の一斉調査をしたものである。国勢調査は地震の三年前の大正九（一九二〇）年に第一回が始まったばかりで、しかも震災直後の混乱の中、想像を絶する苦労であったと思われる。**図24**に千葉県を例に調査の日程を示す。ほぼ一カ月で臨時震災救護事務局に集計が集まったのは驚くべき速さである。このデータは「叙説」として『大正震災志』（上巻）に収められているが、郡市区別に集計値が示されているのみで、震度分布を作成する上では集計範囲が広すぎて使い難い。

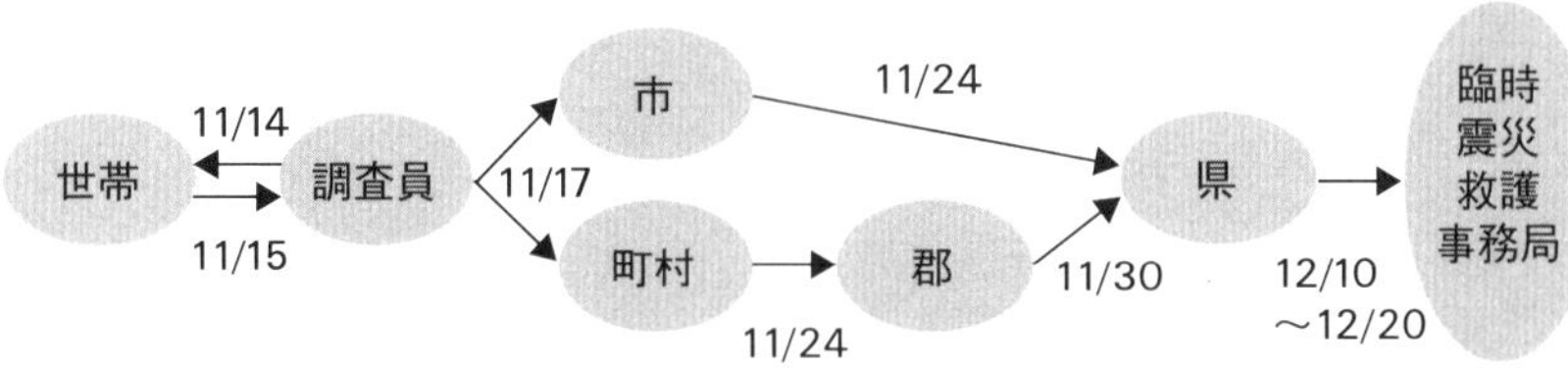

図24　臨時震災救護事務局の震災調査の日程（千葉県の場合）

震災予防調査会

被害地域の全域をカバーするもう一つの資料は、**第二章**で大森房吉に関連して説明した震災予防調査会によるものである。のちに東京帝国大学の地震学教室の教授となる松澤武雄が担当し、『震災予防調査会報告』一〇〇号甲に掲載された「木造建築物に依る震害分布調査報告」のデータである。当時、文部省にあった震災予防調査会事務室は、本震によって書棚の転倒や壁の剥落はあったが、事務員は地震後三〇分ぐらいで室に戻り後片づけをした。**第一章**で指摘したように、ここでも、職員の誰もが類焼するとは思わなかったので、夕刻までに漸次退庁した。しかしながら、夜になって類焼により文部省の全建物が焼失してしまう。このため、海外出張中の大森房吉の代理として事務取扱兼幹事を務めていた今村明恒は、九月四日に自らが勤める東京帝国大学地震学教室に震災予防調査会分室を設け、委員との連絡をとって情報収集に当たることになる。

そして、九月一二日に第一〇七回委員会を大震後はじめて開き、今後の調査方針を検討し、九月一四日の第一〇八回委員会で、各県知事宛に被害家屋数や死者数などの被害の照会を依頼することを決めた。松澤武雄がまとめたのはその資料であり、いわば研究ルートのデータである。このような性格をもつためか、その後、関東地震による被害について検討する際には内務省による『大正震災志』よりもよく引用される傾向があるが、先に述べたように、『大正震災志』のデータと細部では一致しない部分も多い。

焼失前の建物被害

被害の状況から震度分布を求める際に、住家の全潰率が有効なことは誰の目にも明らかであるが、東京や横浜のように、多くの家屋が焼失してしまった場合に、全潰率を出すことは、それほどやさしくない。県や郡市などの地方自治体の調査は、地震後一段落した後での、住民からの聞き取りや申告によるものが大半である。そのため被害集計も建物棟数単位ではなく世帯数単位となることが多い。このことが、先に指摘した住家・非住家にかかわる混乱を招く原因ともなる。また、地方自治体としては、原因はともかく、復興のためには、どのくらいの数の住民(または世帯)が家屋を失ったかの把握が第一であり、あえて焼失家屋のうちにどの程度の数の全潰家屋が含まれていたかなどを把握する必要もないし、下手な調査をすれば、二重にカウントする世帯も出かねない。このようなことが、多くの家屋が焼失してしまった場合に住家の全潰率を出すことを一層困難にしている。

そんな場合によく用いられる方法は、市町村全体の住家や世帯の全数から焼失した数を引き、焼け残った地域(非焼失区域)での全潰の数をその値で割って、全体の全潰率とするものである。これは焼失区域と非焼失区域で全潰率が変わらないと仮定していることに対応する。ただし、東京市のように主に焼失地域となった下町は地盤が悪く、非焼失地域の山の手より明らかに住家の全潰率が高いと考えられるような場合には、この方法は適切ではない。

幸い東京市では火災で焼失するまでの時間に、各警察署が被害状況を調査しまとめた結果がある。このデータは松澤による報告に含まれている。そこには、町丁目別、建物階数別、用途別に、焼失区域と非焼失区域に分けて、被害の建物棟数が細かく記載されている。これらはもともと警視庁保安部建築課がまとめたもので、大火災の状況を考えると、このようなデータの存在そのものが奇跡としか言いようがない。

松澤武雄は『震災予防調査会報告』の中で、それらのデータをもとに町丁目ごとに住家全潰率を評価しようとしたが、震災前の建物棟数が警視庁や東京市の社会課に聞いてもわからず評価できなかったと述べている。しかしながら**第三章**の**図15**にも示したように、大正一三（一九二四）年の第二〇回東京市年表に、大正一一（一九二二）年当時の木造建物棟数が一五の区ごとに集計され、大正九（一九二〇）年の第一回国勢調査では町丁目別世帯数や区ごとの世帯数の集計がある。このため区ごとに木造建物一棟ごとの世帯数を計算し、それらが各区内で一様と仮定すれば、町丁目ごとに住家棟数を推定することは可能である。後に示す東京市一五区の詳細震度分布はこのようにして求めた値を用いたものである。

データの混乱とその解消

色々と関東地震による被害の集計データが混乱する原因を述べてきたが、それらをまとめると以下のようになる。

①東京など都市部では集合住宅が多く、被害が戸数（世帯数）で集計されている場合と建物棟数で集計されている場合を比べると、戸数が住家棟数を大きく上回る傾向がある。この差は、先に東京を例に指摘したように集合住宅の耐震性が低く揺れによる被害を受けやすいことにより、さらに大きくなる傾向がある。

②地方では集合住宅が少なく一世帯一住宅がおおむね成り立ち、戸数と住家棟数がほぼ等しく

なるが、非住家を所有する世帯が多い。また全潰（または半潰）戸数という表現は、住家または非住家のどちらかが全潰（または半潰）した世帯を表していると推定される。これに対し、松澤や今村のように棟数と戸数の統一を図るとして、住家棟数と非住家棟数を加えて全潰または半潰棟数とし、それを戸数による集計値と同等に扱う場合も生じた。このような場合には、必ず棟数が戸数よりはるかに多くなってしまう。一方、上記の推定から、戸数による集計には、厳密には非住家の影響が入り、全（半）潰戸数が全（半）潰住家棟数より多くなることも考えられる。しかしながら、その傾向は比較的被害の少ない地域で顕著であり、被害の大きな地域の結果を強く反映する被害の総数にはそれほど影響は与えない。

③火災地域での全潰後焼失、半潰後焼失は焼失家屋に数えられ、全潰や半潰に数えられない場合がある。このような場合、全潰住家数を過小評価することになる。

これら①から③の要因が、真の住家全潰棟数を基準にみた場合、どの程度被害集計に影響するかを試算した結果がある。まず①の影響について、東京市と横浜市で試算すると、住家全潰に関して全潰戸数（世帯数）を単位とした集計は、全潰棟数に比べ約三万六〇〇〇程度数値が大きくなる。このような集合住宅により生じる戸数と棟数の差は、全潰や半潰など揺れによる被害数だけでなく、焼失数にも影響する。②については、『震災予防調査会報告』一〇〇号甲の今村明恒の表を例に試算する。この場合、住家棟数と非住家棟数に分けて集計してある千葉、埼玉、山梨、茨城、栃木、群馬、長野の七県で、住家全潰棟数を見かけ上二万四〇〇〇棟分多めに評価する。一方③については、臨時震災救護事務局がまとめた内務省社会局による『大正震災志』のように、住家全潰数として非焼失区域のみの集計値を用いている場合には、東京と横浜を例にとれば、焼失区域の全潰数約二万一〇〇〇棟、世帯数で約四万九〇〇〇世帯分の被害が焼失数に隠れてしまい、住家全潰数を過小に見積もることになる。

被害集計の単位も含め、詳しい集計の仕方が各資料に書かれていれば、ある程度これらの混乱を防ぐこともできるが、多くの場合そのような記述がなく、現状ではできるだけ情報を集め、データ間の相互比較などを通じてデータの素性を明らかにする以外に方法はない。詳しくは武村・諸井の論文〔日本地震学会論文集「地震」五三巻（平成一三年）など〕に譲るが、以上のような混乱をできるだけ解消し、被害を、全潰、半潰、焼失流失に分け、住家棟数を単位にデータを修正して、被害地域全域の各市町村別の住家全潰率から震度分布を推定したのが**図22**の結果である。データとしては『震災予防調査会報告』の松澤武雄によるデータを主体とし、報告のない場所や、周りの市町村データから見てあまりに不自然だと判断される場合には、『大正震災志』のデータを用いている。

表11には、各市町村別に上記の被害データから求めた府県別の集計値、ならびに東京市、横浜市、横須賀市の値を示す。表には比較のために、今村による表に掲載されている値も示す。ここで集計した値は、全潰、半潰とも、非焼失区域と焼失区域に分けて示してある。今村による集計結果には、半潰を除く合計欄がある。たぶん完全に失われた家屋の数を意識して設けられた欄であると解釈し、今回の評価に際しても、全半潰・焼失・流失つまりすべての合計のほかに、半潰を除く合計も求めた。これらの集計に際しては、全潰、半潰したのちに焼失した家屋の重複を避けるため、いずれの欄においても非焼失区域の全潰数、半潰数と焼失流失数を足し合わせた値を合計として示す。

半潰を除く合計欄で両者を比較すると、千葉、埼玉、山梨、茨城、栃木、群馬、長野の各県では②で指摘したように、今村の表には非住家の全潰数が混入しており値がかなり大きいことがわかる。

表11　住家被害の集計結果および今村による集計表との比較

府県	全潰棟数	（非焼失）	（焼失）	半潰棟数	（非焼失）	（焼失）	焼失流失	合計（半潰除く）	合計（被害棟数）
神奈川県	63577	46621	16956	54035	43047	10988	35909	82530	125577
東京府	24469	11842	12627	29525	17231	12294	176507	188349	205580
千葉県	13767	13444	323	6093	6030	63	502	13946	19976
埼玉県	4759	4759	0	4086	4086	0	0	4759	8845
山梨県	577	577	0	2225	2225	0	0	577	2802
静岡県	2383	2309	74	6370	6214	156	736	3045	9259
茨城県	141	141	0	342	342	0	0	141	483
長野県	13	13	0	75	75	0	0	13	88
栃木県	3	3	0	1	1	0	0	3	4
群馬県	24	24	0	21	21	0	0	24	45
合計	109713	79733	29980	102773	79272	23501	213654	293387	372659
（うち）									
東京市	12192	1458	10734	11122	1253	9869	166191	167649	168902
横浜市	15537	5332	10205	12542	4380	8162	25324	30656	35036
横須賀市	7227	3740	3487	2514	1301	1213	4700	8440	9741

以下の表は、今村による集計[『震災予防調査会報告』100号甲（大正14年）]

府県	全潰	（非焼失）	（焼失）	半潰	（非焼失）	（焼失）	焼失流失	合計（半潰除く）
神奈川県	62887	—	—	52863	—	—	68705	131592
東京府	20179	—	—	34632	—	—	377907	398086
千葉県	31186	—	—	14919	—	—	718	31904
埼玉県	9268	—	—	7577	—	—	0	9268
山梨県	1763	—	—	4994	—	—	0	1763
静岡県	2298	—	—	10219	—	—	666	2964
茨城県	517	—	—	681	—	—	0	517
長野県	45	—	—	176	—	—	0	45
栃木県	16	—	—	2	—	—	0	16
群馬県	107	—	—	170	—	—	0	107
合計	128266	—	—	126063	—	—	447996	576262
（うち）								
東京市	3886	—	—	4230	—	—	366262	370148
横浜市	11615	—	—	7992	—	—	58981	70496
横須賀市	8300	—	—	2500	—	—	3500	11800

また東京府と神奈川県での値が大きいのは東京市と横浜市において今村が採用した戸数単位の値が大きいためで、この違いは①で指摘したように、集合住宅の影響によって戸数（世帯数）による集計が棟数による集計を大きく上回ることが主な原因であると考えられる。

このように、関東地震の被害については、地震後に多くの人々の努力によって今日に至るまで貴重なデータが引き継がれているが、それらを利用する際には、元のデータに立ち戻って十分吟味する必要がある。多くの書物に、全潰・全焼・流失家屋数として、今村による五七万六二六二という数値が掲載されている。その数値自体に意味がないとは言わないが、上記のようにデータの不均質性を強く反映したものであることを承知の上で使うべきである。したがって**第一章**の**表1**では、住家を対象に棟数を単位として今回推定した二九万三三八七棟という値を載せた。

幻の資料、地震調査所報告

震災予防調査会報告一〇〇号

本書でも、これまで度々『震災予防調査会報告』という名前が登場してきたが、この報告は、明治二四（一八九一）年の濃尾地震の翌年にできた震災予防調査会による調査資料や研究論文をまとめたもので、明治から大正期にかけてのわが国における地震学や地震工学の成果、さらにはその間発生した地震の被害や諸現象を調査した結果が満載されている重要な資料である。関東地震もその例外ではなく、その記念すべき一〇〇号目に甲から戊までの全五巻、六冊（丙が丙上と丙下に分かれている）の報告書がある。これらは、今でも関東地震を研究するためのバイブル的存在と言える。震災予防調査会は先に述べたように関東地震の後、大正一四（一九二五）年に廃止され、その後『震災予防調査会報告』は、震災予防評議会に引き継がれたが、一〇一号をもって廃刊となった。

一〇〇号の内容を見ると、（甲）が地震と揺れ、（乙）が地変と津波、（丙）が建築物の被害、（丁）が土木構造物の被害、（戊）が火災についての調査結果をまとめている。この報告書の出版については、最初、国が費用を出し、甲、乙、戊の三巻が出るが、震災予防調査会が廃止される方向が出たためか次第に予算が縮小され、残る二巻については、大森房吉に代わって幹事となった今村明恒が各方面に働きかけ、篤志家の寄付も受けてやっとのことで全巻出版に漕ぎ着けたといわれている。

このような政府の無理解の犠牲となったのは今村明恒だけではない。行政の都合で計り知れない大きな損失があったことが、最近明らかになってきた。

井上禧之助

『震災予防調査会報告』の六冊の報告書を列《なら》べて見て誰でも気づくことは、地変、津波の調査を収めるべき（乙）巻の厚さが、他の巻に比べて極端に薄いことである。その中を見ると、当時、農商務省地質調査所（最近まで通産省工業技術院地質調査所、現在は独立行政法人産業技術総合研究所に属す）の所長・井上禧之助の奇怪な報告がある。報告の題名は「関東地震に伴なへる地變調査豫報」で大正一四（一九二五）年一月付だが、たった一頁半の報告である。

井上はその中で、関東地震後の九月一四日、地震後で第二回目となる第一〇八回の震災予防調査会委員会で、委員として地震による地変の調査を命じられたこと、地質調査所では所員をあげて調査をし、第一巻から第六巻まで六冊の関東地震調査報告書をまとめようとしていること、さらにその報告書の目次があり、最後に震災予防調査会に報告する自分の原稿が間に合わなかったので後日地質調査所から出版されるそれらの報告書を参照して欲しいと述べているのである。たぶん井上が原稿を完全に書かなかったことが（乙）巻が薄くなった原因だと考えられる。

『地質調査所百年史』〔同編集委員会（昭和五七年）〕によれば、井上禧之助は東京市京橋区木挽町に地質調査所が移った直後の明治四〇（一九〇七）年に地質調査所の所長となり、事業を次々に拡張し調査所の隆盛期を築いた人である。関東地震による火災で調査所は庁舎をはじめすべてを失ったが、地震の約一週間後の九月八日より所長の井上を中心に所員で手分けして被害調査を始め、一〇月下旬にほぼ調査を終了する。その後さらに精査すべき地域の調査に数名の所員が当たったと書かれており、井上がいう上記報告書はそれらすべての調査結果をまとめようとしたものである。

井上は、『震災予防調査会報告』の中でさらに、地質調査所から出される『関東地震調査報告』に触れ、第一巻と第二巻は目下印刷中、「第三巻以下は目下附圖其他の整理中にして不日刊行せらるべし」と述べている。震災予防調査会の委員でもあり、地質調査所の所長でもあり、当時としてその分野を代表する人物が、このような重要な報告書に原稿が間に合わないなどと書くのは異例である。それにもまして不可解なことは、井上のいう三巻目以降は今日までついに発刊されずに終わっていることである。つまり井上は空手形を売ったことになっているのである。

第一巻は大正一四（一九二五）年三月に『地質調査所特別報告』第一号として、第二巻は大正一四年七月に同第二号として出版されている。ところが『地質調査所特別報告』の第三号から第五号は昭和三九（一九六四）年の新潟地震の調査報告で、その他の地質調査所報告など同所関連の出版物にもそれらしいものの影すらない。第一巻と第二巻の内容は東京府、千葉県、埼玉県等の詳細な調査結果であり、その内容からして地変のみならず揺れによる被害に関しても各市町村内での被害の様子や大字ごとの被害集計など、さらに細かな調査結果が記述され大変貴重な内容を含んでいる。

リストラ

地質調査所の報告にまつわるこれら不可解な事実の謎を解くため、『地質調査所百年史』によって関東地震発生後の関連事項を時間順にまとめたのが**表12**である。大正一二年一〇月下旬に調査が一応終了するまでは、先に説明したとおりであるが、その後、地質調査所に大変なことが起こっていたことがわかる。それは大正一三（一九二四）年に行われた大規模な行政整理である。それによって地質調査所の職員のうち約半数に当たる三一名が解職され、六名が転職となり、年間予算も半分以下に削減されたのである。井上所長自身も大正一三年一二月に解職され、『震災予防調査会報告』の文章に記された日付の大正一四年（一九二五）一月には、すでに所長の職を解かれていたことになる。

その後、大正一四年四月には、地質調査所を所轄する農商務省が農林省と商工省に分割された。このため、大正一四年三月に出版された『関東地震調査報告書』第一巻の著作権所有は農商務省となっているが、七月出版の第二巻の著作権所有は商工省となっている。

第三巻以下がどのような経緯で出版されなかったかは、これ以上よくわからないが、推測を交えて言えば、関東地震の調査に当たった地形係の人たちの多くが解職され、出版に対する予算もつか

表12　関東地震後の地質調査所の動き

年	月日	出来事
1923（大正12）	9月1日	関東地震発生。木挽町の地質調査所庁舎は資料・標本などを含め全て焼失。以後仮事務所として大臣官邸前天幕、井上所長宅、目黒の林業試験所内などを使用。
	9月8日	農商務省の震災調査の一部として地質調査所は地変の調査を担当、調査に着手。
	9月12日	第107回震災予防調査会委員会（地震後第1回）
	9月14日	第108回震災予防調査会委員会（地震後第2回）。地震調査の分担決定。井上地質調査所所長（委員）は地変調査を命じられる。
	10月下旬	地変調査が一応終了、以後精査すべき地域に対し数名の所員で当たる。
	11月24日	仮事務所を木挽町の急造バラックに移す。
1924（大正13）	8月	麹町区大手町に農商務省仮庁舎が出来、そこに移る。
	12月1日	井上所長退官。13年度中に所長を含め31名解職、6名転任の大規模行政整理実施（解職者は特に地形係に多い）
1925（大正14）	1月	井上禮之助、震災予防調査会報告100号乙で「関東地震に伴なへる地變調査豫報」執筆。原稿が間に合わなかったことを謝罪し、近々発刊予定の地質調査所による調査報告全6巻の目次を掲載し、それらを参照して欲しいと述べる。
	3月26日	地質調査所関東地震調査報告第1巻発行（農商務省）定価7円20銭
	3月31日	震災予防調査会報告100号甲・乙発行
	4月1日	農商務省は農林省と商工省に分割。地質調査所は商工省鉱山局に属す。 大正13年度末までに、工業原料鉱物調査、油田調査、鉱物調査事業を廃止
	7月31日	地質調査所関東地震調査報告第2巻発行（商工省）定価4円70銭 以後第3巻から第6巻は今日に至るまで発刊されず。

ないままに原稿すら行方不明になってしまったのではないだろうか。井上が残している目次を見ると、第三巻、第四巻は、被害の大きい神奈川県、山梨県、静岡県、特に相模川や酒匂川《さかわ》の流域や箱根地方の詳しい調査結果があったようである。また第五巻は、調査が一段落した一〇月下旬以降の追加調査の結果のまとめで、房総半島南部や相模湾沿岸の土地の隆起、根府川の山崩れなど神奈川県下や山梨県下の地変、東京市内の火災被害等興味ある問題が目次に掲げられている。さらに最後の第六巻は、井上自らが調査全体の概要をまとめる予定だったらしい。第一巻や第二巻の内容から推察するとわが国における地震学、地震工学だけでなく、防災の観点からも第三巻目以降が未刊になった損失は計り知れないものと言わざるを得ない。

東京都心の震度分布

山の手台地と下町低地

東京に初めて来た人がまず使う交通手段は、今でもJR山手線ではないだろうか。地下鉄と違い地上を走っているというわかりやすさと、何より間違ってもグルッと一回りして元に戻るという安心感が他に代え難い。一九七一年に私が生まれて初めて上京したときも、まずはじめに使った交通機関は山手線であった。この山手線、いつ頃から東京の街を回り始めたのだろうか。山手線は南北に細長く紡錘形をしていて環状線とはちょっと呼びにくい形状も気になるところである。そこでまずは鈴木理生編著『東京の地理がわかる事典』［日本実業出版社（平成一一年）］をもとに山手線の歴史を繙《ひもと》こう。

東京の鉄道は、有名な汽笛一声で新橋を発したのが明治五（一八七二）年、その年には品川を通り横浜までが開通している。その後、明治一八（一八八五）年に、赤羽〜新宿〜品川のちょうど今の山手線の西半分が開通、その前年に開通していた高崎〜上野間の高崎線と結びついて、当時日本における唯一の外貨獲得物資であった生糸を、群馬県から東京の西を通り横浜に運ぶルートが完成している。つまり、山手線はもともと旅客用ではなく貨物用につくられた鉄道であった。一方、明治二二（一八八九）年に開業した甲武鉄道（現在の中央線）は、新宿を通り大正八（一九一九）年には東京までつながるが、山手線は上野から秋葉原までが明治二三（一八九〇）年に貨物線として延びていたものの、環状にはならず、結局、関東地震当時、旅客線としては上野〜神田間がつながっていなかった。当時の電車の運転は、中野から新宿、御茶ノ水、東京と、まず現在の中央線で西から東に進み、さらに山手線を時計回りに上野まで回るという横「の」の字スタイルで行われていたということである。「の」の字と言えば、関東地震当時の東京市一五区の名前を並べる場合も、麹町区から始まり「の」の字を書いて、神田区、日本橋区、京橋区、芝区、麻布区、……と回り、浅草区、本所区、深川区で終わるスタイルが一般的である。

このように、山手線はもともと貨物線として敷かれたが、副次的に東京西部の住宅開発のきっかけとなった役割はより大きなものがある。ここでの主題の一つである山の手とはどの地域を指すか、時代によっても異なりはっきりした定義はないが、関東地震当時の東京市では、ほぼ山手線で囲まれた地域と考えればよい。一五区で言えば、麹町、芝、麻布、赤坂、四谷、牛込、小石川、本郷の各区と、下谷、神田の一部がこれに当たる。

図25に東京の地形地質を示す。山の手の地域はちょうど武蔵野台地の東縁にあたり、北から上野台、本郷台、豊島台、淀橋台という小河川の谷によって区切られた台地が並び、さらに南の荏原台まで含めた総称として山の手台地と呼ばれることが多い。これらの台地は地質学的には洪積台地にあたり、砂礫層の上に富士火山の活動による火山灰の関東ローム層を載せている。いずれも更新世に堆積した地層で、下町低地に堆積している沖積層に比べ、比較的地震で揺れにくい地盤である。

一方、下町低地の範囲も明確ではないが、地形的には武蔵野台地と千葉県北部の下総台地に挟まれた東京低地の一部である（**図23**参照）。一五区の範囲で言えば、日本橋、京橋、浅草、本所、深川の各区と神田、下谷の一部がそれに当たる。山手線の東側に位置し中央を隅田川が流れている。地盤は砂や泥を主体とした沖積層でできており、一般にこのような地盤は地震によって揺れやすい。

図26に各区ごとの木造住家全潰棟数より求めた全潰率と**表10**の関係から評価される震度を示す。対応する区名は**第2章図14**を参照されたい。データは先に述べたように警視庁保安部建築課がまとめ、松澤武雄によって『震災予防調査会報告』一〇〇号に掲載されているものである。町丁目ごとに木造住宅・店舗（または商店）に分類されている全潰棟数を区ごとに足し合わせた。図からわかるように、全潰率が高く、震度が大きく評価される地域は、本所、深川、浅草、神田と下町低地の各区に限られ、一般に山の手の各区の全潰率は低く、評価される震度も低い。

下町低地の明暗

さらに細かく震度分布を見るために町丁目ごとに全潰率を評価し、震度分布を求めたのが**折込**（カ

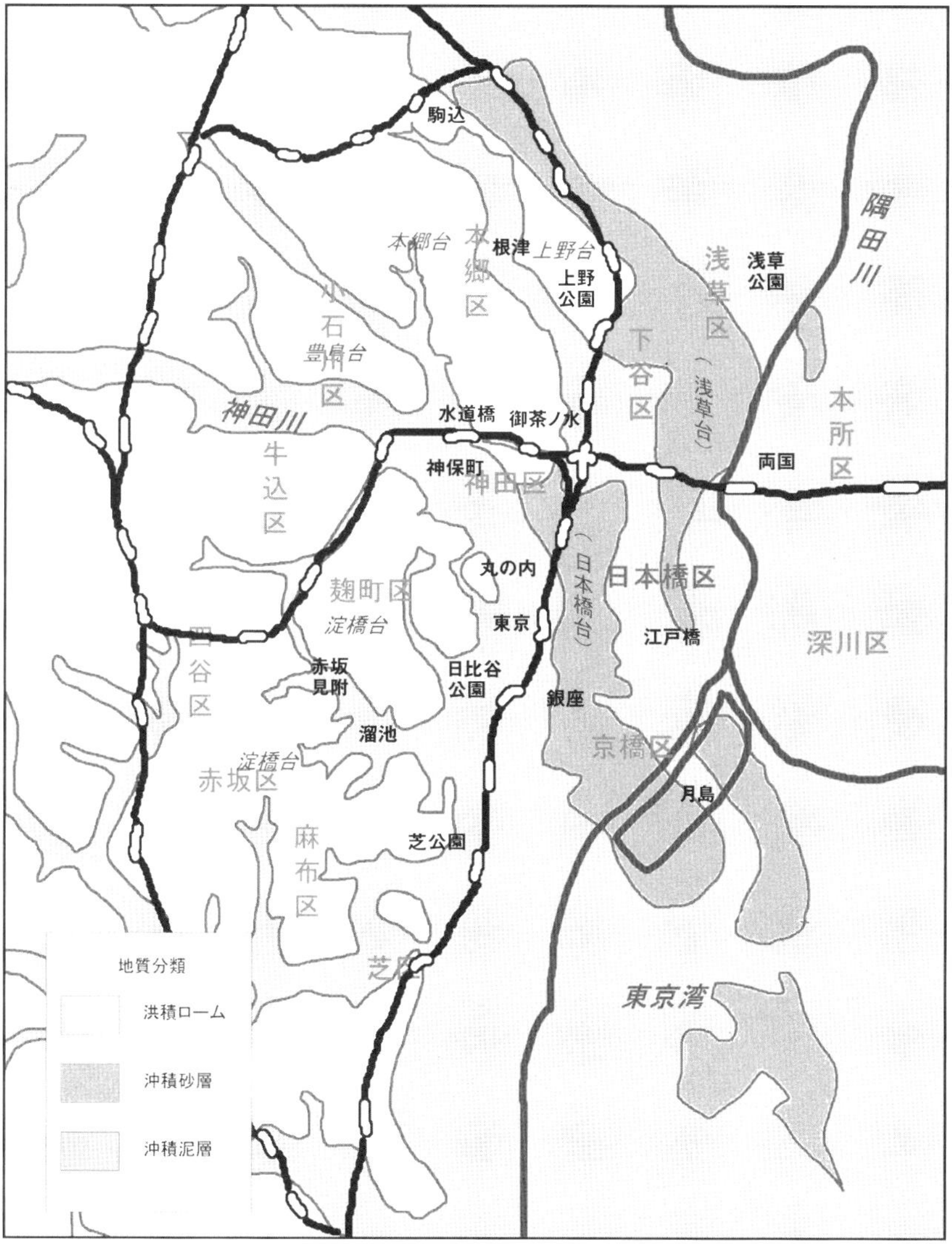

図25　東京の地形地質 [地質図は東京都土木研究所(昭和44年)を使用]

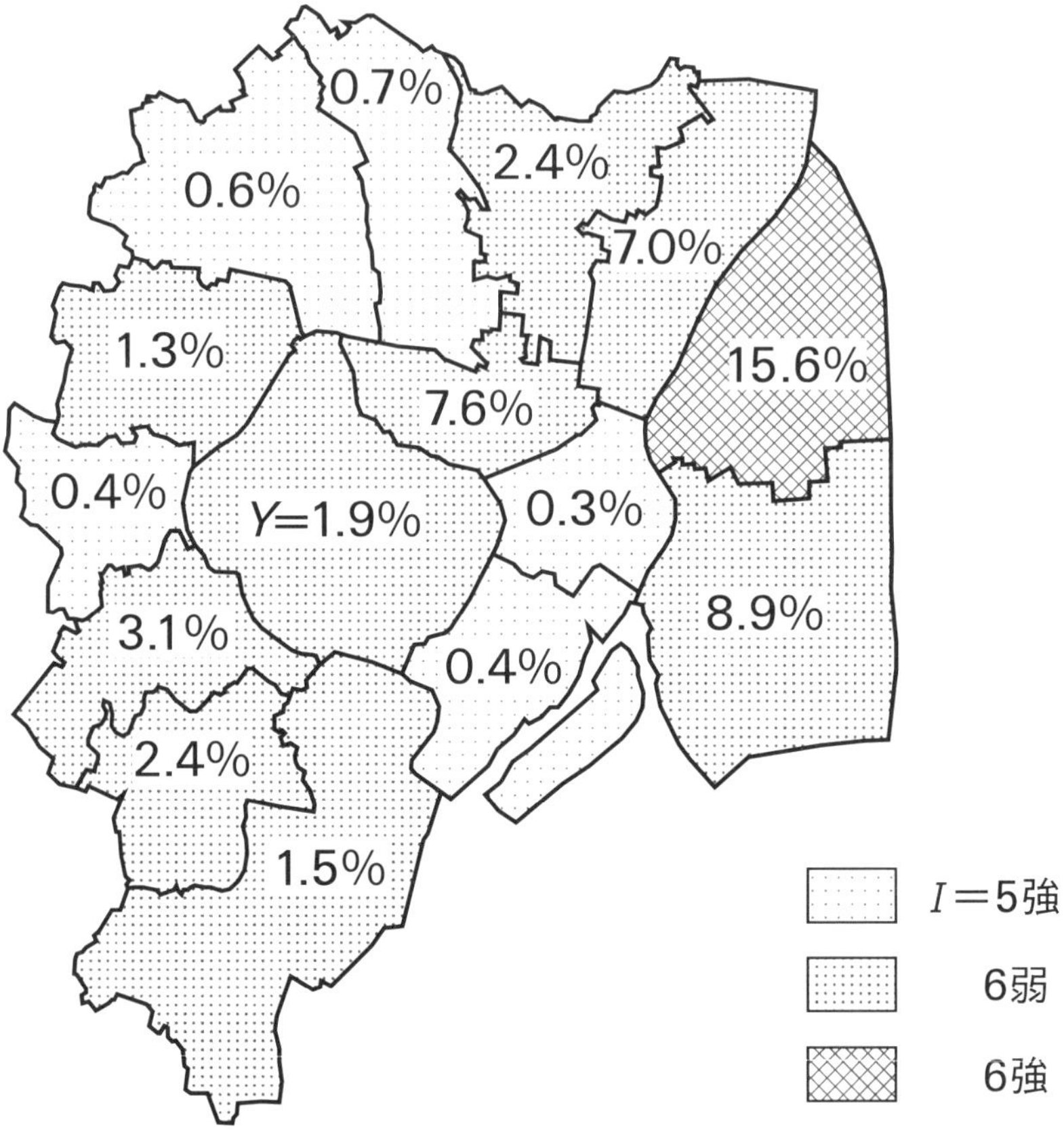

図26　東京市15区ごとに求めた住家全潰率Yと推定震度I

ラー）の図である。先に述べたように、主に用いたデータは、松澤による『震災予防調査会報告』にまとめられているものであるが、地震直後の混乱の中で調べられたものであるため欠落など精度に関する不安が残る。そこで震度の評価に当たっては、全潰住家棟数のほかに半潰と報告された数も参考とした。また、『地質調査所特別報告』の被害調査結果や焼け跡での被害の聞き取り調査結果なども補助的に用いた。図の「＋・－」は震度の「強・弱」を示す。

図27は下町低地のうち隅田川を挟む地域の結果である。隅田川の東側の本所区、深川区は総じて震度が高く、ほとんどが震度六弱以上で、震度六強から七の地域も多い。これに対して隅田川の西側の浅草区と下谷区では、上野公園と浅草公園を結ぶ線より北側では震度が高いが、南側では震度が低いことがわかる。この震度の低い領域は、さらに南に下って日本橋区や京橋区へと続いている（**図30**参照）。下町低地であるにもかかわらず日本橋区や京橋区の震度が低いことは**図26**からもわかる。原因を理解するためには、下町低地を覆う沖積地盤が生まれた歴史をたどる必要がある。

今から約二万年前の最後の氷河期には、極地の氷が増え、海面が今より一〇〇メートル以上も低く、現在の東京湾はほぼすべて陸地であった。利根川（もちろん瀬替えをされる前）の前身である古東京川と呼ばれる大河川がその中を流れ、支流が武蔵野台地に幾筋かの谷を刻み、現在の小河川に区切られた台地の原形が出来上がった。その後、約一万年前には氷河期が終わり、六〇〇〇年前にかけて気温が急激に上昇した結果、極地の氷が解け海水が東京湾の奥深くに進入する。このため台地の一部が波によって削られ、波食台と呼ばれる浅くて固い海底の台地ができる。その後、気温の大きな変化はなく、利根川、荒川などの大河川が大量の土砂を堆積させ、下町に平坦な三角州低地を形成することになる。これが下町低地を覆う沖積層である。

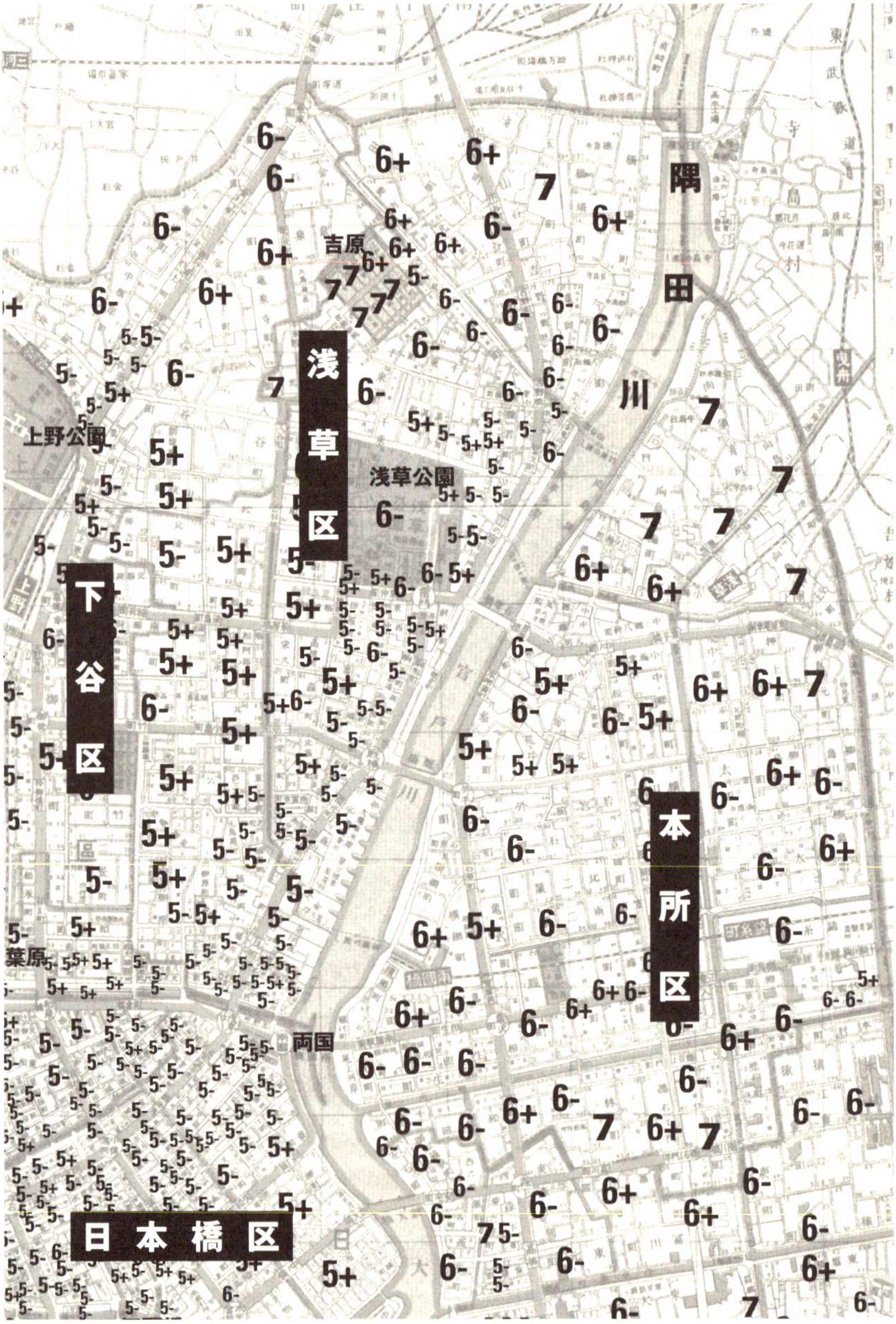

図27　下町低地で求めた町丁目ごとの震度分布(数字は震度を示す)

その結果、隅田川の東側では古東京川の谷に向かって河岸段丘が沖積層によって埋没し、沖積層の厚さは三〇メートル以上に達する。これに対し上野台地の東側から南東にかけては、上野台地が波により削られてできた浅草台地、さらに南の日本橋、京橋方面には本郷台地が削られてできた日本橋台地が埋没しており、そこでは沖積層の基底は浅く層厚は数メートル以下である。**図25**にはこれら埋没波食台地の位置も示されている。いずれも砂層におおわれた地域に対応する。**図28**に日本橋台地付近の沖積層基底の深さ（沖積層の厚さに対応）を示す。西側に丸の内谷、東側には昭和通り谷と呼ばれる沖積層基底の谷があり、その間に沖積層厚が一〇メートルにも満たない領域があることがわかる。これが日本橋台地である。同じ下町低地でも浅草区南部から京橋区、日本橋区にかけて全潰率が低い原因の第一は、このような埋没波食台の存在があると思われる。

図29は一四六〇年頃、今から五〇〇年以上前、太田道灌が江戸城を築いた頃の東京の地形である。正井泰夫の著作［『筑波大学地球科学系人文地理学研究』Ⅵ（昭和五五年）］をもとに作成した。図には現在の銀座の位置も示すが、この下に日本橋台地があり、当時は江戸前島と呼ばれる半島状の砂州が発達していた。丸の内谷の上には日比谷入江と呼ばれる海の進入があったことも分かる。また、隅田川の西側の浅草区や下谷区の低地には、現在の浅草公園の西側から吉原にかけて千束池と呼ばれる巨大な沼地があった。図では区別されていないが、南部は姫ヶ池と呼ばれ、北部を千束池と呼び、特に千束池は深さが二〇メートル以上もある深いものであったとの推定もある。池の底の堆積層やその後の埋め立ての影響が吉原を中心とした浅草区北部や下谷区北部での震度の高さに関連している可能性も考えられる。

このように、一口に下町低地と言っても、形成過程での条件の違いによって地域ごとに揺れ方が

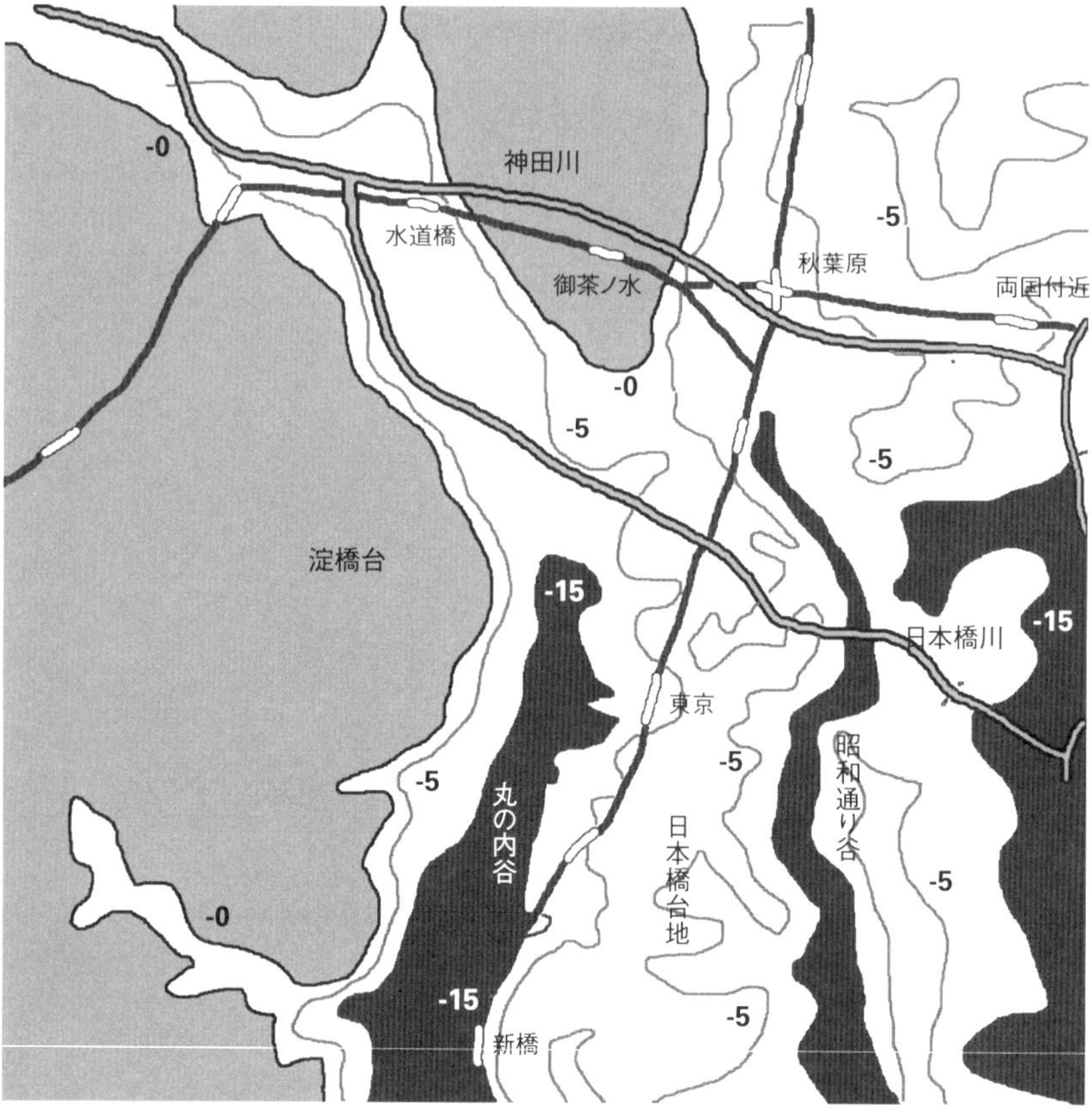

図28　日本橋台地の位置と沖積基底の深さ（数字は沖積基底の深さ（m）を示す）
［貝塚爽平著『富士山はなぜそこにあるのか』（平成2年）をもとに作成］

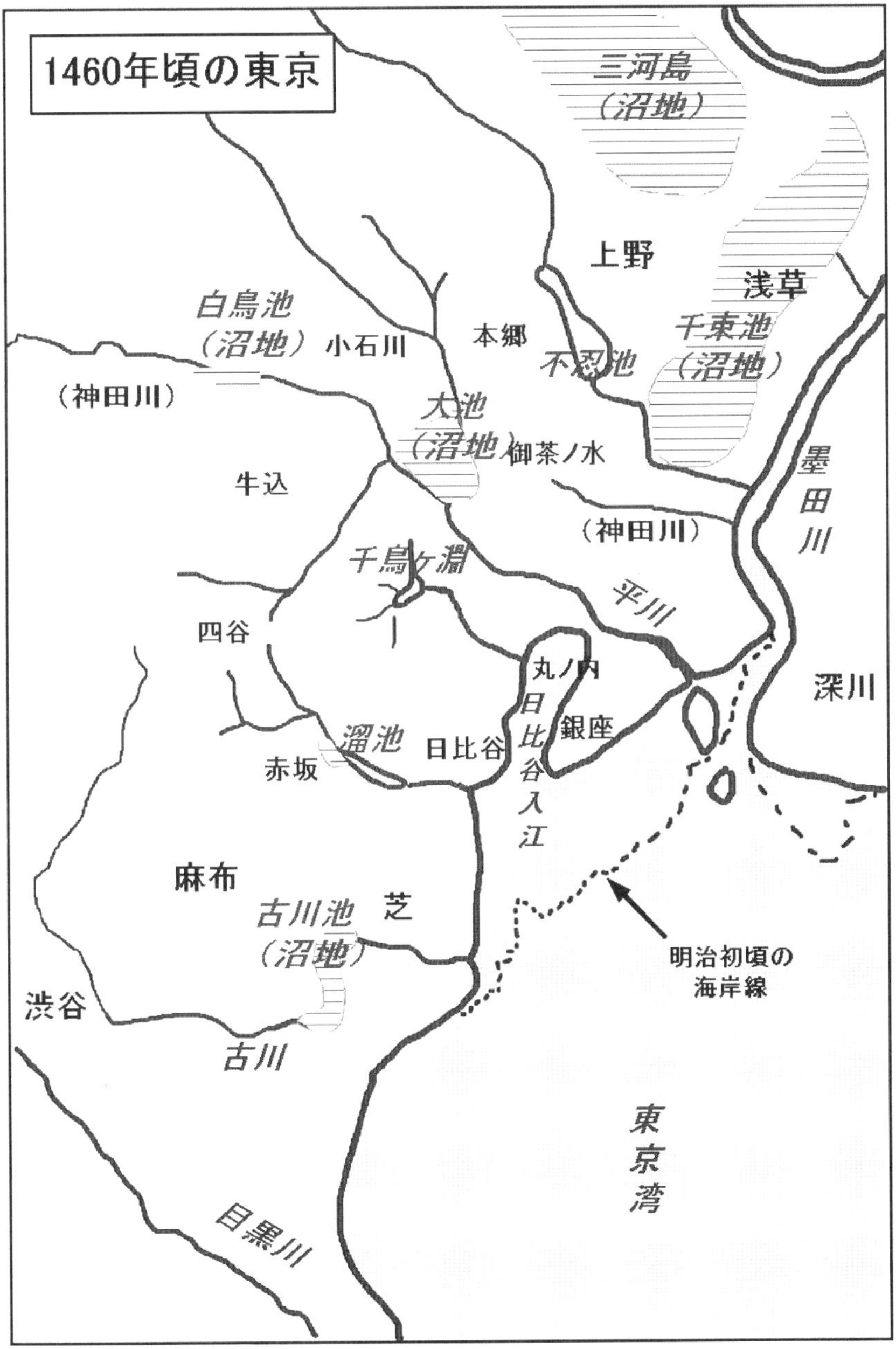

図29　1460年頃の東京の地形
［正井泰夫著『筑波大学地球科学系人文地理学研究』VI（昭和55年）をもとに作成］

大きく違い、関東地震の際に明暗を分けたことがわかる(もっとも建物の全潰が少ない日本橋区、京橋区も、その後の火災でほとんど全焼してしまったが)。また、さらに歴史時代においては人間による地形の改変も加わり、現象をより複雑なものにしていることもわかる。次に土地の人工改変が震度への影響をわかりにくくしている代表的な例を示す。

神田川

東京都心の詳細震度分布を見ると、山の手台地の中に、一際目を引く震度の高い地域がある。**図30**に示す神田区の西部、神田神保町から水道橋にかけての地域である。この原因を探るためには、江戸幕府による神田川の大改修の歴史を知る必要がある。井の頭公園の池に発した神田川は東京をほぼ東西に流れ、**図28**からもわかるように、早稲田、水道橋を通り、御茶ノ水付近で本郷台を横切り、両国付近から隅田川に流れ込んでいる。神田川によって分割された本郷台の南の部分は駿河台と呼ばれている。神田川は、関東地震当時は、上流部から、神田上水、江戸川、神田川と名前を変えていたが、流路は今とほぼ同じである。しかしながら、もともとは平川と呼ばれ流路も異なり、本郷台を突っ切ることなく、水道橋付近で流れを南に変え江戸城の東側から日比谷入江に注いでいた。水道橋付近から現在の日本橋川の方向へ流れていたことになる。**図29**からその様子がよく分かる。

図29ではすでに河口を日比谷入江ではなく、現在の日本橋川のように江戸橋付近で東京湾に出るように付け変えられているが、付け変えの時期については様々な推定があるようだ。一方、日比谷入江が埋め立てられたのは慶長年間である。さらに、元和六(一六二〇)年、将軍・徳川秀忠の政権時に、江戸城を洪水から守り、土砂による江戸の湊の埋没を防止するため、本郷台地を掘り割り、現在の

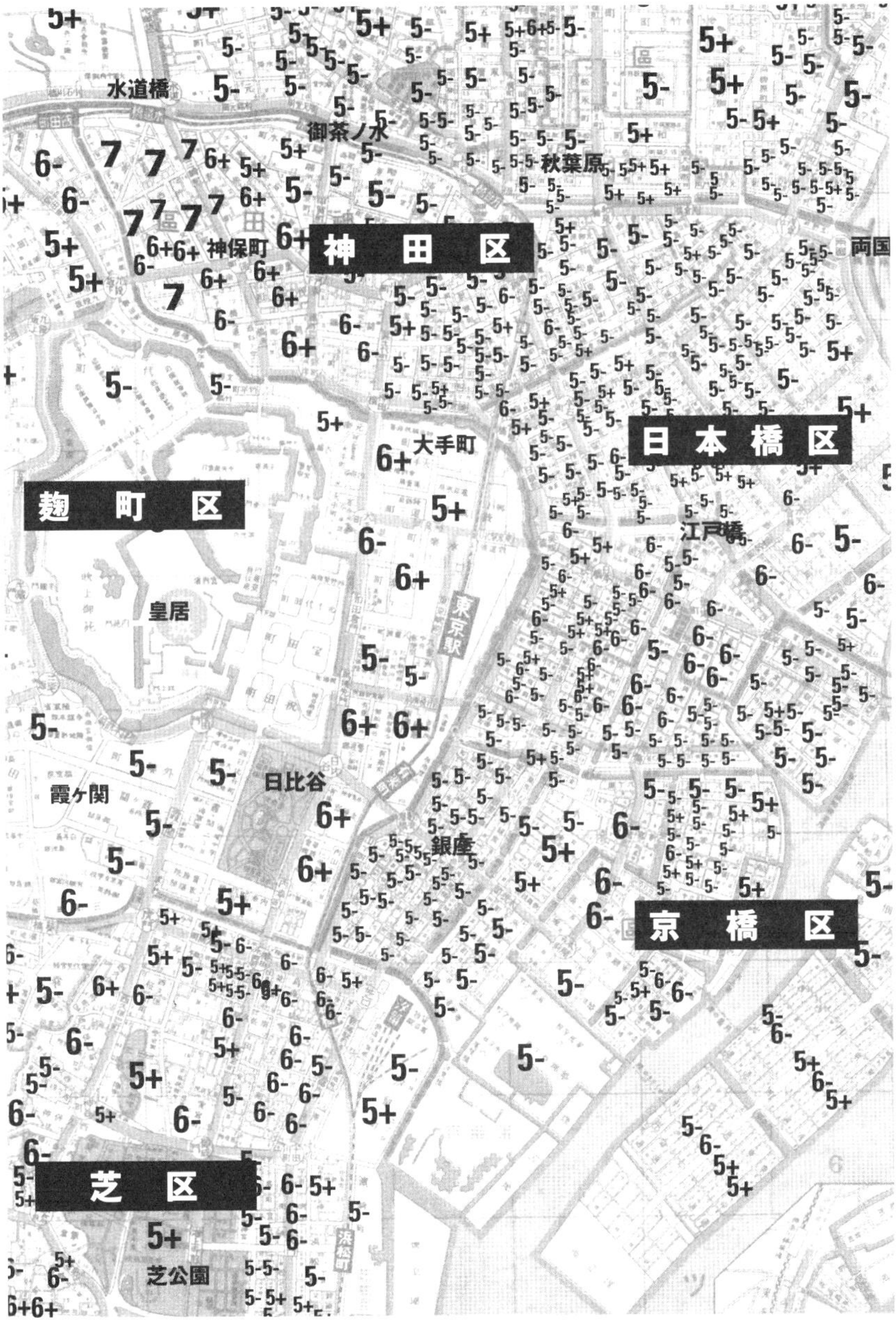

図30　皇居周辺で求めた町丁目ごとの震度分布(数字は震度を示す)

放水路をつくって神田川を隅田川に直結するようにした。

このように地表の様子は変わっても、地下にはもともとの平川が洪積台地を削った谷が、日比谷入江の下の丸の内谷から、日比谷、大手町、神田神保町さらには水道橋へと続いている。この様子は**図28**からも明らかで、それに沿って沖積層も厚く堆積している。**図30**で震度が六強から七の地域は、まさにこの埋没谷に沿っているのである。その中で特に震度が高い神田神保町から水道橋にかけては、**図29**から分かるように大池と呼ばれる沼地であったことも注目すべきである。さらに**折込**（カラー）を見れば、より上流部でも神田川に沿っては周りの台地に比べ震度が高く震度六弱のところが続いていることもわかる。

溜池と古川

西神田のように、台地に刻まれた川沿いで昔大きな沼や池があり、現在埋め立てられているような場所は**図29**を見れば他にもある。皇居の南側、赤坂の溜池付近と、増上寺で有名な芝公園の南を流れる古川が南に流れを変える麻布一の橋付近である。**図31**にこの付近の震度分布を示す。何れも震度六強から七を示す地域であることが分かる。

これらの地域に共通する特徴は、台地を刻む河川が海へ出る少し手前に、沼や池ができていることである。江戸前島のように海岸線には砂州ができやすく、そのため多少地盤が高くなる。すると内陸から流れてきた河川がそこで流れを緩くして、いわゆる後背湿地を形成し、沼や池ができやすくなるのである。このような場所では、ただでさえ砂や泥を堆積し柔らかい地層ができやすく地震の際によく揺れるのに、その沼や池を埋め立てると、さらに柔らかい地層を厚くし、揺れを一層大

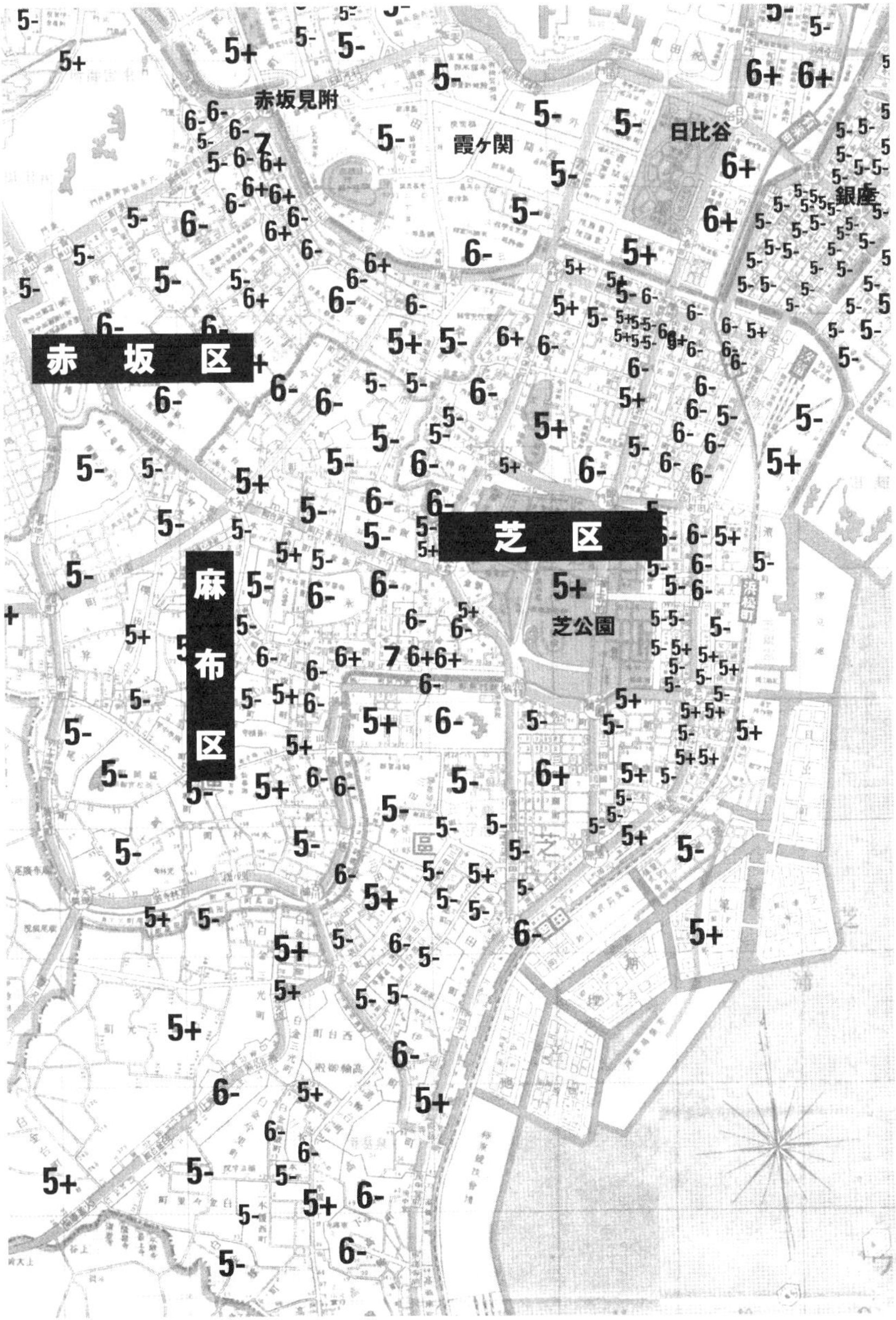

図31　芝公園周辺で求めた町丁目ごとの震度分布(数字は震度を示す)

きなものにしてしまうことになるのである。

東京では、このような場所が各所にあったはずだが、ほとんどすべて埋め立てられ、現在目にできるのは、上野公園脇にある不忍池くらいである。昔、沼や池であった地域では、そこに繁茂していた植物の遺骸によってできた泥炭層が見つかることが多い。麻布一の橋付近は、沼であったという確かな記録は見つかっていないが、地盤の軟弱さと泥炭層から沼があったのではないかと推定され、古川沼（池）と呼ばれている。

都市化と地名改変

地震の際に大きな被害を出しやすい沼や池の跡は、やっかいなことに、埋め立てられ都市化されてしまえば、何かの工事でもしない限り判断がつかない。溜池周辺もその一つであるが、ここでは地名が雄弁にそれを物語っている。私は、勤めている会社がこのすぐ近くにあるため、床屋などで地元の人と地震の話をすることがある。地元の皆さんはそのあたりが地盤の悪いところだと自覚しているようだ。自分たちの周りの環境を知ることは地震防災の第一歩であり、地名がそのきっかけを与えてくれているのである。

ところが最近、新しい地名ができたり、地名が変わったりしているのを見ていると気になって仕方がない。何かに由来したり、歴史的に正当な意味があったりする場合はまだしも、昔の地名が古くさいとか、感じが良くないとかで、耳障りはいいがその土地と何のかかわりもないような名前を付けるのはどうだろうか。最近やたらに多い「…が丘」などは気になる名前の一つである。いつか地震の被害調査をしていて「みどりがおか」と発音するところに、被害がよく出ることに気がついたことがある。もちろん、すべてが新興住宅地である。

また、最近気になる地名の一つに「さいたま市」というのがある。いうまでもなく埼玉県の県庁所在地として、浦和市、与野市、大宮市が合併してできた「さいたま市」のことである。多方面にわたる十分な検討の上での結論だと思うが、この命名には多少疑問を感じる。もともと「埼玉」という地名は、浦和、与野、大宮とは関係のない北埼玉郡にあった。関東大地震の際の埼玉村での住家全潰は四棟、全潰率は〇・六％である。現在の行田市埼玉の地がそれに当たる。これに対し今回「さいたま市」となった三市は、当時二二の町村よりなり、なかには六辻村のように全潰率が三〇％を越えたところもある。現在の行田市では埼玉を「さきたま」と読むが、昔の村名は「さいたま」と読んだようである。

今回のように、歴史上全く異なる場所にあった地名と同じ読みの名前を新しい合併都市に付けるということが、次の世代に混乱を与えないか不安になる。歴史上の混乱を覚悟した上でも、なおかつ「さいたま市」という命名が必要だったのだろうか。自分たちの町だから自分たちの好きなように名前を付ければいいと思う人もいるようだが、自分たちの住む地域は、今を生きるわれわれだけのものではない。長い歴史の中で培われた様々な蓄積を、前の世代から受け継ぎ、より良いものを付加して次の世代にバトンタッチすることがわれわれの責任である。少なくとも新しい地名命名の由来（理由）を次世代に伝えていく制度づくりが必要である。

過去の地震の被害データが保管され整理されていても、地名が大きく変わっていれば、それらを直接役立てることは難しい。被害データの分析を研究テーマの一つとしている私にとっても、高々八〇年前の関東地震でさえ、新旧の地名の対応は実に骨の折れる作業である。ましてや一般の人や行政が過去の地震における被害データをもとに、自分たちの町の地震防災を考えようとするときに大きな障害となることは言うまでもない。市町村合併の促進が叫ばれている。この辺で地名改変のルールづくりを様々な面から検討する必要があるのではないだろうか。